河畔花语

电子科技大学生态校园植物图鉴

主编　王梦涵
编委　李建川　张涛　刘佳　胡翠翠　罗琴琴

电子科技大学出版社
University of Electronic Science and Technology of China Press
·成都·

图书在版编目（CIP）数据

河畔花语：电子科技大学生态校园植物图鉴 / 王梦涵主编．—成都：电子科技大学出版社，2022.9

ISBN 978-7-5647-9822-2

Ⅰ．①河… Ⅱ．①王… Ⅲ．①电子科技大学－植物－图集 Ⅳ．①Q948.527.11-64

中国版本图书馆 CIP 数据核字（2022）第 128481 号

河畔花语——电子科技大学生态校园植物图鉴

HEPAN HUAYU——DIANZI KEJI DAXUE SHENGTAI XIAOYUAN ZHIWU TUJIAN

王梦涵　主编

策划编辑　陈松明　谢晓辉
责任编辑　杨雅薇　李　倩

出版发行　电子科技大学出版社
　　　　　成都市一环路东一段 159 号电子信息产业大厦九楼　邮编 610051
主　　页　www.uestcp.com.cn
服务电话　028-83203399
邮购电话　028-83201495

印　　刷　成都市金雅迪彩色印刷有限公司
成品尺寸　210 mm×285 mm
印　　张　21.75
字　　数　220 千字
版　　次　2022 年 9 月第 1 版
印　　次　2022 年 9 月第 1 次印刷
书　　号　ISBN 978-7-5647-9822-2
定　　价　288.00 元

前言

Preface

电子科技大学坐落于四川省成都市，原名为成都电讯工程学院，是一所完整覆盖整个电子信息类学科，以电子信息科学技术为核心，以工为主，理工渗透，理、工、管、文、医协调发展的多科性、研究型大学。经过多年的建设，电子科技大学校园内建筑典雅厚重，四季树木葱茏，湖水碧波荡漾，是陶冶情操、读书治学的佳地。2022 年 5 月，电子科技大学被四川省教育厅、四川省发展和改革委员会评选为“四川省绿色学校”。

编写本书缘于清水河畔论坛的一个帖子。2021 年 5 月，有同学在“清水河畔”论坛上发帖，提问成电校园内有哪些鸟类。编者在帖子下列出了校园里常见的十几种鸟类，并附上自己拍摄的鸟类图片。为了更好地整理校园鸟类种类，编者新开了一个帖子，把自己记录到的校园鸟类进行整体性梳理，并制作成鸟类图鉴。帖子一经发布，不仅受到同学们的欢迎，还获得学校党委宣传部的关注。同月，校园鸟类图鉴在电子科技大学官方微信公众号上发布。2020 年 9 月，编者开始系统收集、整理校园中植物、昆虫、猫的照片，并在学校党委宣传部的支持下，在学校官方微信公众号上发布了相关推文。2021 年 11 月，曾勇校长和申小蓉副书记提出出版电子科技大学校园动植物图鉴的建议，建议可先出版素材积累较为丰富的植物图鉴。不日，由电子科技大学出版社、编者及后勤保障部园林服务中心相关负责老师组成的动植物图鉴出版团队建立，本书的出版被正式提上日程。

“人与自然和谐统一”的理念贯穿电子科技大学园林建设的全过程。

沙河校区园林以“精致”为特点，包括主楼东北和西北两侧的银杏林、止北侧的蜡梅林和樱花林，西门东侧的香樟大道，图书馆西侧的花园，通信大楼北侧的法国梧桐大道，学生宿舍 12 栋南侧的花园，每一处都有独到的美，每一处都有特别的味道。主楼旁的银杏林更是成都市成华区秋季著名的打卡点，承载了众多校友美好的回忆。

清水河校区园林以“大气”“生态”为特色，注重植物与建筑风格的融合，努力营造自然、和谐的“森林校园”。大气的主楼、图书馆、教学楼等建筑与挺拔成行的银杏、水杉交相辉映，读书休闲区的樱花、梅花成片成林，学生公寓区的玉兰、桂花香气怡人，运动场馆的乔木、灌木环环相抱；生态区复层混交，植物错落有致，湿地公园乡土植物大放异彩，形成了生态、绿色的自然美，实现了人与自然的和谐统一。合理的园林管理让众多野生植物与园林植物在同一片土地上欣欣向荣、茁壮成长，国家二级保护野生植物金荞麦、药用植物何首乌、花形奇特的半边莲等就是其中的代表。

一草一木总关情，即使已经离开校园，那些花草香甜的气息也总能在露珠沾湿的夜晚飘进成电人的梦乡。

本书充分体现电子科技大学特色，不仅重点描写银杏、水杉、楠木等代表性植物，讲述“二叉树”“大板根”等特色植物背后的故事，还选取许多与校园建筑相结合的植物照片，记录植物的花果期及其在校园的分布。植物与人类社会密不可分，本书不仅多角度介绍植物特征，关注国家重点保护野生植物，总结重要科属特点，描述植物主要识别依据，阐释近似物种主要区别，还记录植物的实用价值，阐释植物的历史文化渊源，加入一些有趣的植物校园故事。

《河畔花语——电子科技大学生态校园植物图鉴》共收录电子科技大学园林与野生植物118 科 292 属 372 种（含种下单位），其中乔木 83 种，灌木 45 种，藤本 22 种，草本 223 种，其中，多年生草本 126 种，一、二年生草本 97 种，包含清水河和沙河校区的主要植物。由于九里堤、永宁校区尚处于园林修整期，所以其中植物暂未收录。本书文字部分由编者编写，植物分类系统采用 APG IV 系统，植物中文正名、学名、科属归类均以植物智网站（http://www.iplant.cn/）为准，部分正文资料也来源于该网站。本书所有照片均为校内拍摄，绝大多数植物照片由编者拍摄，部分植物照片由党委宣传部邝俊老师、林坤老师，以及刘凯同学、雷一博同学提供，在此表示感谢。

由于编者专业知识有限，书中难免会有纰漏或不当之处，还望广大读者批评指正。

本书在出版过程中获得许多帮助，感谢曾勇校长与申小蓉副书记的大力支持，感谢电子科技大学出版社对本书出版的资助与大力帮助，感谢后勤保障部园林服务中心的专业指导和多年来对校园绿化建设的辛勤付出，感谢党委宣传部对本书出版与宣传的帮助，感谢计算机科学与工程学院的支持，特别感谢四川植物分类学专委会主任何兴金教授为本书提出的专业性意见。

2022 年 9 月 29 日，正值电子科技大学 66 周年诞辰，谨以此书向母校献礼。

编　者

2022 年 8 月

编排说明

为便于读者用最直观的特征查找植物中文正名，本书将校园植物分为乔木、灌木、藤本、草本四大类。由于校园内的草本植物类别最为丰富，所以我们将草本按照多年生和一、二年生进行了划分，作为单独的两章介绍。

乔木：有明显主干的木本植物，如银杏、水杉、红豆树等。本书将棕榈科乔木状植物也归为乔木范畴，如棕榈、鱼尾葵等。

灌木：没有明显主干，但自身能直立生长的木本植物，如栀子、杜鹃、绣球等。本书将棕榈科灌木状植物也归为灌木范畴，如棕竹。

藤本：茎干细长，自身不能直立生长，需要依附他物向上攀缘的植物，包括木质藤本与草质藤本，如葡萄、何首乌等。

草本 · 多年生：能生活两年以上的草本植物，如地钱、肾蕨、睡莲、鸢尾、马蹄莲等。本书中将竹类包含在多年生草本中，草质藤本不包含在内。

草本 · 一、二年生：只能生活一年或两年的草本植物，如荠、龙葵、虞美人等。草质藤本不包含在一、二年生草本内。

本书在每一章开头的小目录中以图形的形式标明了本章植物的科属及植物中文名。

本书最后附有植物中文正名索引。

目录
Contents

1 乔木

2 灌木

3 藤本

4 草本·多年生

5 草本·一、二年生

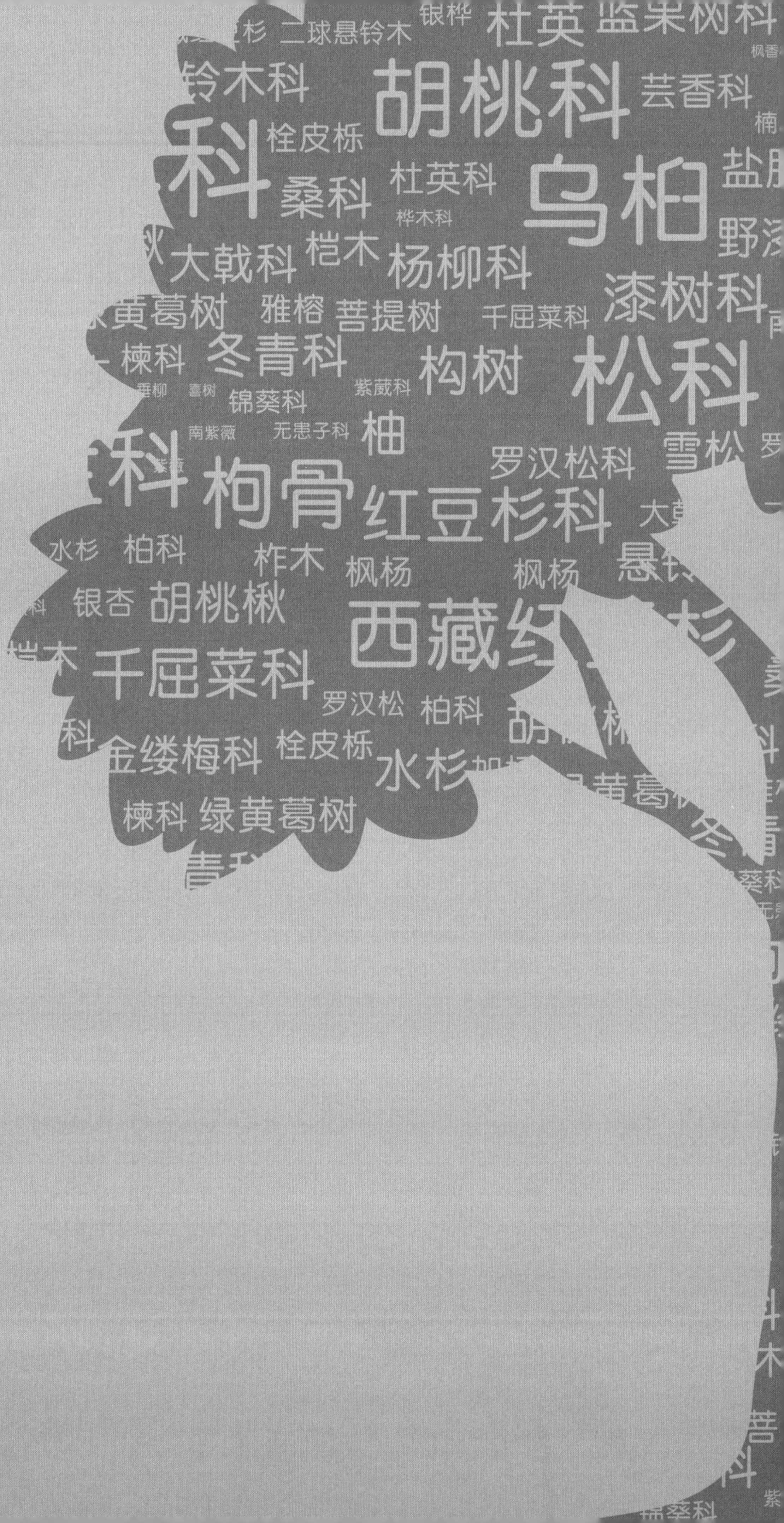

银桦
杜英
蓝果树科
二球悬铃木
铃木科
胡桃科
芸香科
科
栓皮栎
桑科
杜英科
乌柏
桦木科
大戟科
桤木
杨柳科
野
漆树科
黄葛树
雅榕
菩提树
千屈菜科
楝科
冬青科
构树
松科
锦葵科
紫葳科
南紫薇
无患子科
柚
罗汉松科
雪松
科
枸骨
红豆杉科
水杉
柏科
柞木
枫杨
枫杨
银杏
胡桃楸
西藏红
杉
千屈菜科
罗汉松
柏科
科
金缕梅科
栓皮栎
水杉
楝科
绿黄葛树

1 乔木

❶乔木

- 银杏科
  - 银杏
- 柏科
  - 水杉
- 松科
  - 雪松
- 罗汉松科
  - 罗汉松
- 红豆杉科
  - 西藏红豆杉
- 木兰科
  - 玉兰
  - 二乔玉兰
  - 荷花木兰
  - 木莲
  - 桂南木莲
  - 大叶木莲
  - 醉香含笑
  - 深山含笑
  - 阔瓣含笑
  - 白兰
- 樟科
- 悬铃木科
  - 二球悬铃木
- 山龙眼科
  - 银桦
- 蕈树科
  - 枫香树
- 连香树科
  - 连香树
- 豆科
- 蔷薇科
- 桑科
  - 雅榕
  - 菩提树
  - 黄葛树
  - 构
- 壳斗科
  - 栓皮栎
- 胡桃科
  - 胡桃楸
  - 枫杨
- 桦木科
  - 桤木
- 杜英科
  - 杜英
- 杨柳科
  - 加杨
  - 垂柳
  - 柞木
- 大戟科
  - 乌柏
- 千屈菜科
- 漆树科
- 无患子科
- 芸香科
  - 柚
- 楝科
  - 楝
- 锦葵科
  - 木芙蓉
  - 梧桐
- 蓝果树科
  - 喜树
- 山茱萸科
  - 头状四照花
- 柿科
  - 乌柿
- 丝缨花科
  - 桃叶珊瑚
- 木樨科
  - 木樨
  - 女贞
- 紫葳科
- 冬青科
- 棕榈科

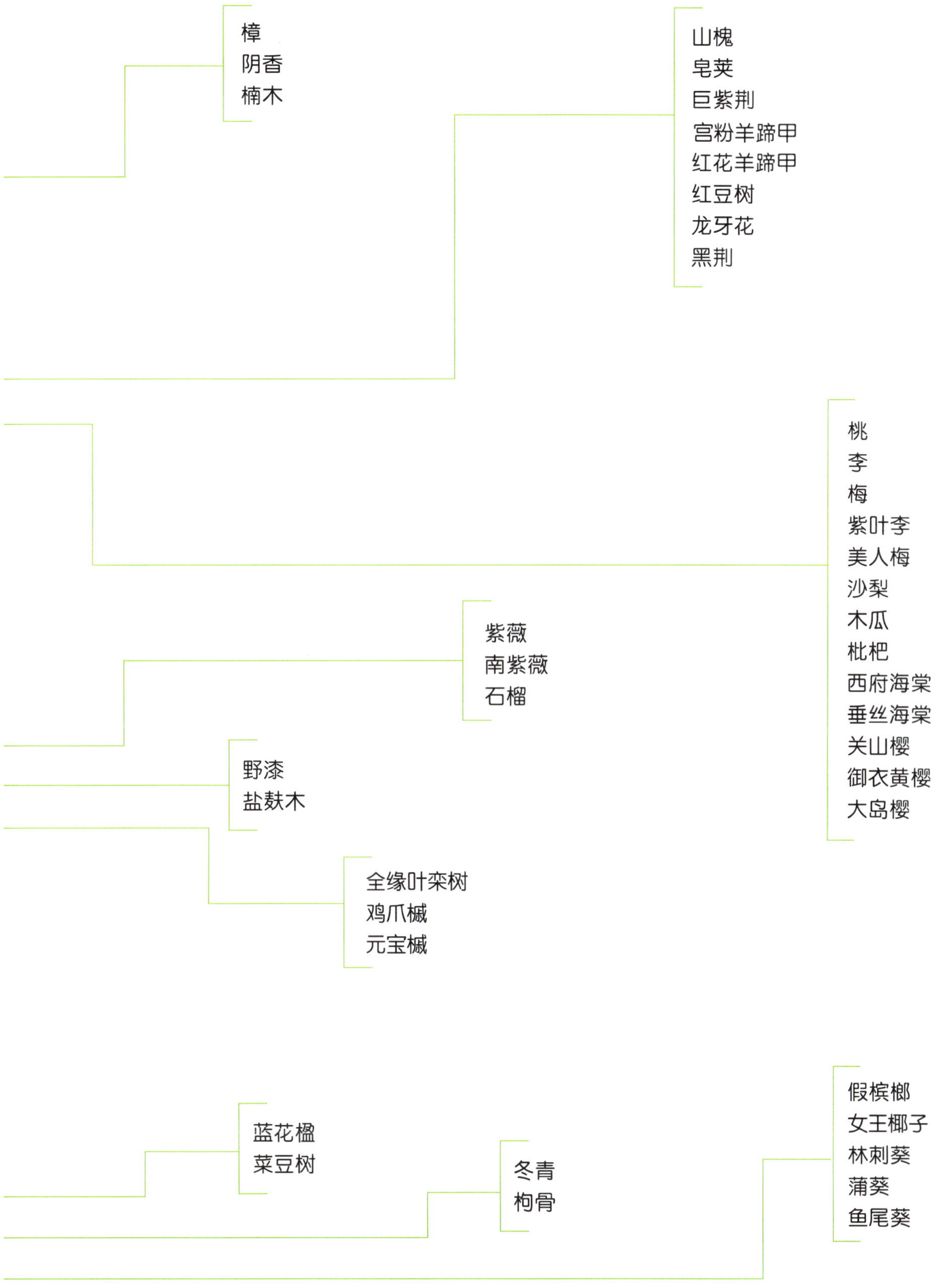
樟
阴香
楠木
山槐
皂荚
巨紫荆
宫粉羊蹄甲
红花羊蹄甲
红豆树
龙牙花
黑荆
桃
李
梅
紫叶李
美人梅
沙梨
木瓜
枇杷
西府海棠
垂丝海棠
关山樱
御衣黄樱
大岛樱
紫薇
南紫薇
石榴
野漆
盐麸木
全缘叶栾树
鸡爪槭
元宝槭
蓝花楹
菜豆树
冬青
枸骨
假槟榔
女王椰子
林刺葵
蒲葵
鱼尾葵

1.1 银杏科

1.1.1 银杏 *Ginkgo biloba*

银杏是我国特有的孑遗植物，素有“活化石”之称，曾与恐龙同在，遍布欧亚大陆。在经历新生代第四纪大冰川期后，生长地大幅缩减，银杏在我国浙江天目山、湖北神农架等少部分地区有野生分布，濒危，于1999年被列入《国家重点保护野生植物名录》。目前，银杏已经成为优良的园林树种，在世界各地广泛种植。同时，银杏全身都有很高的经济价值，其木材可供建筑、家具使用，种子可供食用，叶子可入药。

电子科技大学是成都市久负盛名的银杏观赏地，沙河校区与清水河校区有3000多株银杏，每到11月中旬，校园地面上就铺满金黄的银杏叶，前来拍照留念的游人络绎不绝。

沙河校区的银杏自建校就开始栽种，迄今已有60多年历史，其树形优美，与古朴大气的建筑相得益彰。

雷一博 / 摄

清水河校区的银杏从 2005 年开始栽种，多数来自江苏、安徽和山东的交界处，部分从缅甸引进。胸径在 30 ～ 50 厘米，树龄至少 30 年，这样的栽种规模在川内高校乃至全国高校都是少有的。校区内的每一棵银杏都有自己的编号，有心的同学曾经找到过以“520”“1314”和与自己生日相同的编号的银杏。

雷一博 / 摄

作为银杏纲唯一现存物种，银杏有着区别于其他裸子植物的显著特征，包括叉状并列细脉的扇形叶片，葇荑花序状的雄球花，以及橙黄色被白粉的外种皮（银杏名称便来源于此）等。除“白果树”“鸭掌树”外，银杏亦有“公孙树”之名，这是由于银杏生长十分缓慢，从种子萌发到开花结果往往需要几十年的时间，公种而孙得食，因此有了此名。

1.2 柏科

1.2.1 水杉 *Metasequoia glyptostroboides*

水杉是我国特有的珍稀树种，国家一级保护野生植物，野生水杉仅在四川、湖北、湖南的小部分区域有分布。水杉的化石最初由京都大学的三木茂在距今1100—100万年前的地层中发现，并被认为属于一种已经灭绝的红杉类植物。1943年，王战在湖北省利川市磨刀溪村采集到疑似水松的标本，经著名的植物分类学家郑万钧和胡先骕分析鉴定，这一标本并非水松或者红杉，而是当年三木茂在化石中发现的那一物种。1948年，郑万钧和胡先骕联合发表论文，将这一物种的中文正名定为水杉。

水杉是清水河校区种得最多的三种树木之一，其树形塔状，叶片在侧生小枝上排成两列，像羽毛一样。每年秋天银杏飘黄的时候，水杉也换上了棕色的外衣，枝头挂满丰硕的球果，等待着来自各方的客人。清水河校区水杉路、湿地公园，沙河校区宿舍区均有分布。

邝俊 / 摄

1.3 松科

1.3.1 雪松 *Cedrus deodara*

雪松，又名“喜马拉雅雪松”，其树形美观，终年常绿，是世界五大庭园树种之一，在国内外均有广泛栽培，在 20 世纪 80 年代被评选为南京、青岛等市的市树。

雪松的小枝常下垂，针叶在短枝上簇生在一起，雌雄异株，雄球花在早春开放，比雌球花先开 1～2 周。雄球花开放时，金黄色的花粉随风飘散，把地面也染成了金色，十分壮观。清水河校区品学楼南侧、沙河校区图书馆东侧有种植。

1.4 罗汉松科

1.4.1 罗汉松 *Podocarpus macrophyllus*

野生的罗汉松是国家二级保护野生植物。由于其树形优美，园艺中培育出了一些品种来进行种植。罗汉松虽然与松柏一样，也属于裸子植物，但它有着一种叫假种皮的结构，其位于其卵圆形种子的下部，成熟的时候会变为紫黑色，吸引动物帮助其传播种子。清水河校区西湖西南侧、校医院东侧、硕丰苑二组团，沙河校区主楼南侧有分布。

1.5 红豆杉科

1.5.1 西藏红豆杉 *Taxus wallichiana*

与银杏一样，西藏红豆杉也是我国特有的孑遗物种，国家一级保护野生植物，其红色的假种皮十分瞩目。它因树皮中含有的天然抗癌成分紫杉醇而备受关注，但这种次生代谢产物在植物体内的含量极低，致使这一珍稀树种被大量砍伐，变得愈发濒危。目前，紫杉醇的主要来源仍是各类红豆杉植株，所以对其进行更为有效的保护和利用变得愈发重要。

西藏红豆杉是除东北红豆杉、云南红豆杉外的中国三种红豆杉属植物之一。它的叶片是条形的，螺旋状着生在小枝上，基部扭转排成二列，种子生于红色的杯状假种皮中。清水河校区体育场旁校友林有大量分布。

1.6 木兰科

木兰科玉兰属植物树形优美，花朵秀丽，自古以来便深受国人的喜爱，被认为是高洁的象征。校园内分布着三种木兰科玉兰属植物，分别是玉兰、二乔玉兰和荷花玉兰。

1.6.1 玉兰 *Yulania denudata*

玉兰的花朵如玉石般温润，香气如兰花般甜美，一朵朵盛开的玉兰仿佛身披绫罗的仙子，婀娜多姿，楚楚动人。玉兰的花先叶开放，花被片 9 枚，大小相接近，白色，花被片基部通常带粉红色，聚合果圆柱形，花期通常在 2—3 月，果期在 8—9 月。清水河校区基础实验楼东侧、宿舍区，沙河校区主楼南侧有分布。

1.6.2 二乔玉兰 *Yulania × soulangeana*

二乔玉兰是由玉兰和辛夷杂交而来的园艺品种，其中“二乔”二字为园艺上对品种的一种描述，意为一个花朵同时有两种颜色。牡丹、菊花等观赏植物亦有二乔品种。二乔玉兰的栽培品种众多，其花先叶开放，花大而芳香，花被片外部一般为紫红色，内部为白色，与玉兰和辛夷的主要区别在于最外轮 3 枚花被片约为内轮长的三分之二。花期一般在 3 月，盛开的二乔玉兰是早春非常亮丽的一抹颜色。清水河校区宿舍区有分布。

1.6.3 荷花木兰 *Magnolia grandiflora*

荷花木兰，又名“广玉兰”，原产北美洲东南部，其花大而洁白，形似荷花，在中国南方有着广泛的种植，是一种十分美丽的观赏树种。不同于中国本土的二乔玉兰和天目玉兰，荷花玉兰是一种常绿树木，不能通过休眠来抵御冬季的严寒，所以不适合在北方生长。荷花玉兰对二氧化硫、氟化氢等有毒气体有较强的抗性，其花、叶可提取芳香油，种子含油量高，可用来提取油。清水河校区学子餐厅西南侧、湿地公园东侧，沙河校区第二教学楼北侧有分布。

木莲与木兰同属木兰科，但是属于不同的属。木莲一般是常绿乔木，而木兰既有常绿又有落叶；木莲的每一个蓇葖，也就是每一个小圆球状的果实包含3～12颗种子，而木兰只包含1～2颗。由此可以将这两个属区分开来。校园内有三种木莲，分别是木莲、桂南木莲和大叶木莲。

1.6.4 木莲 *Manglietia fordiana*

木莲花朵洁白，十分美丽，它有3枚近革质的外轮花被片和两轮稍小的肉质内轮花被片。雄蕊外侧紫红色，内侧白色，雌蕊黄绿色，聚合果卵球形，花期一般在5月，果期在10月。同其他木兰科物种一样，木莲的花朵只有花被片，而没有花瓣和萼片之分，这也是木兰科植物的分类依据之一。清水河校区学子餐厅西侧有分布。

1.6.5 桂南木莲 *Manglietia conifera*

桂南木莲模式标本采自广西十万大山，其芽和嫩枝有红褐色短毛，叶片革质，花梗细长，向下弯垂，明显不同于木莲。外轮花被片常为绿色，质地较薄，两内轮花被片肉质，聚合果卵圆形。花期一般在 5—6 月，果期在 9—10 月。花叶可供观赏，木材可供建筑、家具用。清水河校区学子餐厅西侧有分布。

1.6.6 大叶木莲 *Manglietia dandyi*

大叶木莲是一种高大乔木，野生大叶木莲是国家二级保护野生植物。它的花叶均较大，叶片革质，通常五六片集中生长于树枝顶端，有 3 轮厚肉质的花被片。大叶木莲的分布地虽然较多，但是其结实率很低，这也是其濒危的原因。清水河校区学子餐厅西侧有分布。

含笑是木兰科的另一个属，这一属的花长在叶腋处，与花长在小枝顶部的木兰和木莲有明显差别。此外，含笑的蓇葖是各个分离的，可以凭此特征将其与另外两个相似属区分开来。

校园里分布着醉香含笑、深山含笑、阔瓣含笑和白兰4种含笑。

1.6.7 醉香含笑 *Michelia macclurei*

醉香含笑的嫩枝、叶柄、花梗和佛焰苞状的苞片均覆盖着光泽的红褐色短绒毛，叶片革质，聚伞花序2～3朵，花梗有3个苞片痕，花被片白色，通常为9枚，匙状倒卵形或倒披针形，蓇葖果长圆形，有稀疏的白色皮孔。花期一般在3—4月，果期在9—11月。清水河校区生态区有分布。

1.6.8 深山含笑 *Michelia maudiae*

深山含笑的芽、幼枝、叶下和苞片均带有白粉，叶片革质，花单生于叶腋，较大，直径 10～12 厘米，种子红色，花期在 2—3 月。清水河校区湿地公园东侧有分布。

1.6.9 阔瓣含笑 *Michelia cavaleriei* var. *Platypetala*

阔瓣含笑的幼枝、芽和嫩叶均带有红褐色的绢毛，叶片薄革质，花梗有两个苞片痕，雌蕊群带有灰色或金黄色的微柔毛，种子淡红色，花期在 3—4 月。清水河校区湿地公园东侧有分布。

1.6.10 白兰 *Michelia × alba*

白兰，又名“黄桷兰”“缅桂花”，花朵芳香，四季常绿，是佛教“五树六花”之一。夏天，四川、云南等地常把三五朵白兰串成一串挂在胸前，作为装饰。走在四川的街头，闻到白兰甜甜的香味，便知道夏天到了。正如汪曾祺写的那样：雨季的花是缅桂花。白兰的花可用来提取香精，鲜叶可用来提取香油。叶片薄革质，托叶痕达叶柄近中部，花白色，有 10 枚披针形的花被片，通常在夏秋开放，花期很长。因为它是通过种间杂交培育的品种，所以通常不结果，一般通过嫁接繁殖。清水河校区宿舍区、沙河校区通信楼西南侧有分布。

1.7 樟科

1.7.1 樟 *Cinnamomum camphora*

樟是南方常见的行道树，它的根、枝、叶可用于提取樟脑、芳樟醇和松油醇。空气湿度较大时，能闻到樟树芳香的气味。灰椋鸟、白头鹎等鸟类特别喜欢啄食樟树的果实。20 世纪初，人们通常通过樟树来提取樟脑。目前，工业合成已经成为制取樟脑的主要方式。

樟的树皮是黄褐色的，叶片卵状椭圆形，快脱落时会变成鲜艳的红色，圆锥花序，果卵圆形或近球形、紫黑色，果托杯状，花期在 4—5 月，果期在 8—11 月。

清水河校区银桦餐厅、学子餐厅南侧，沙河校区主楼南侧、第四教学楼南侧有分布。

1.7.2 阴香 *Cinnamomum burmannii*

阴香是南方一种常见的樟科行道树，它的树皮可以作为肉桂皮的替代品，叶片可作为月桂树叶的替代品，木材也可用于制作上等家具。阴香比樟低矮，树皮平滑，叶片有远离基部的三出叶脉，花序长 3 ~ 6 厘米，聚伞花序，花序梗有灰白色的微柔毛，果实卵圆形、紫黑色。花果期均比樟晚，花期一般在秋冬季，果期一般在冬末和春季。清水河校区学生活动中心南侧有分布。

1.7.3 楠木 *Phoebe zhennan*

楠木，又名“桢楠”“雅楠”，野生楠木是国家二级保护野生植物。楠木是中国和南亚特有的珍贵用材树种，其木材有香气，纹理直而结构细密，不易变形、开裂，是建筑和制作高级家具的优质木材。楠木属中，还有细叶楠、紫楠 、香楠、润楠等物种。狭义的金丝楠仅指细叶楠，广义的金丝楠则包括有金丝的其他楠木。在古代，金丝楠专用于皇家宫殿及少数寺庙的建筑和家具，包括皇帝的龙椅等，因此也被称为“皇帝木”。

楠木的树干通直，小枝有黄褐色或灰褐色的柔毛，叶片革质，椭圆形，聚伞状圆锥花序十分开展，被毛，果椭圆形，花期在 4—5 月，果期在 9—10 月。清水河校区生态区、田径运动场四周，沙河校区主楼南侧有分布。

清水河校区图书馆南侧的生态区内有一棵特别的楠木，其主干在倒伏之后，侧芽从基部萌发出来，重新长成一棵大树，学校师生感其坚忍不拔之志，善加养护，将其命名为“二叉树”。

1.8 悬铃木科

1.8.1 二球悬铃木 *Platanus acerifolia*

二球悬铃木，又名“法国梧桐”“英国梧桐”，由一球悬铃木和三球悬铃木杂交而来，最早引种自法国，形似梧桐，所以得名“法国梧桐”。虽然像梧桐，但它与梧桐其实并没有太大关系，它们是属于两个科的完全不同的两个物种。

二球悬铃木是世界著名的观赏树种，其树形雄伟端庄，被誉为“行道树之王”。秋天，二球悬铃木满树的叶子变成棕黄色，配上斑驳的树皮，格外好看。它的树皮十分光滑，呈片状脱落，叶片掌状3～5裂，球形果序下垂，通常2个果实串生。花期在4—5月，果期在9—10月。清水河校区生态区、沙河校区阳光餐厅南侧有分布。

邝俊 / 摄

1.9 山龙眼科

1.9.1 银桦 *Grevillea robusta*

银桦，高大似桦木，幼枝被锈色茸毛，叶背银色叶片 2 回羽状深裂，总状花序腋生，花橙色或黄褐色，果实卵状椭圆形。花期在 3—5 月，果期在 6—8 月。电子科技大学银桦餐厅的名字便是取自这一物种。清水河校区生态区有分布。

1.10 蕈树科

1.10.1 枫香树 *Liquidambar formosana*

枫香树是一种美丽的红叶树种，到了秋天其叶片会变成鲜艳的橙红色，不是枫叶却胜似枫叶，非常迷人。它的叶片宽卵形，掌状 3 裂，雄花序短穗状组成总状，雌花序头状，果序球形。花期在 3—4 月，果期在 10 月。清水河校区生态区、图书馆北侧有分布。

1.11 连香树科

1.11.1 连香树 *Cercidiphyllum japonicum*

连香树是第三纪古热带植物的孑遗植物，雌雄异株，结实率低，野外种群很少，野生连香树为国家二级保护野生植物。目前，许多植物园已经引种栽培，常作观赏树种。它的树皮是灰色的，短枝在长枝上对生，叶片椭圆形或心形，蓇葖果 2 ～ 4 个，荚果状。花期在 4 月，果期在 8 月。清水河校区四号科研楼 A 区、银桦餐厅东侧、足球训练场南侧有分布。

1.12 豆科

豆科，是除菊科和兰科之外的被子植物第三大科，这一科类别丰富，形态繁多，既有高大的乔木，又有低矮的小草，包括作为蔬菜的豇豆、菜豆，作为中草药的甘草、决明，作为观赏植物的槐树、合欢，以及红木的代表紫檀、黄檀等。它们都有一个共同的特征——荚果。校园内分布着十余种豆科植物，包括皂荚、红花羊蹄甲、紫藤、草木樨等。

1.12.1 山槐 *Albizia kalkora*

山槐属于合欢属，是一种落叶乔木，花似合欢，但为白色或黄色。它的枝条有短茸毛，2 回羽状复叶，叶片上的腺体也密被黄褐色或灰白色的短茸毛，荚果带状、深棕色、很薄，种子倒卵圆形。花期在 5—6 月，果期在 8—10 月。清水河校区日晷旁有分布。

1.12.2 皂荚 *Gleditsia sinensis*

皂荚是一种常见的植物，荚果煎出的汁水可以代替肥皂洗衣服，嫩芽可作蔬菜，种子煮熟糖渍后可食，木材也可用于制作家具。

皂荚枝干上的刺是由树枝发育而来的，十分坚硬，而且还分枝，称作枝刺，皂荚的叶是一回羽状复叶，这种复叶在豆科植物中十分普遍，比如大豆的叶片就是由 3 片小叶组成的。花黄白色，总状花序，荚果带状，十分肥厚，花期在 3—5 月，果期在 5—12 月。清水河校区生态区、湿地公园东侧有分布。

1.12.3 巨紫荆 *Cercis gigantea*

巨紫荆属于紫荆属，是一种高大的落叶乔木，花繁多而美丽。它的叶片近似圆形，花淡紫红色，簇生于一极短的总梗上。清水河校区立人楼南侧有分布。

1.12.4 宫粉羊蹄甲 *Bauhinia variegata*

宫粉羊蹄甲属于羊蹄甲属，其叶片形似羊蹄。宫粉羊蹄甲的花芽、嫩叶和幼果可食用，同时它是良好的蜜源和观赏植物。它的总状花序侧生或者顶生，花瓣长 4 ～ 5 厘米，紫红或者淡红色，可以正常结果，荚果带状、扁平，花期在 3 月。清水河校区学子餐厅西北侧有分布。

1.12.5 红花羊蹄甲 *Bauhinia × blakeana*

红花羊蹄甲是香港特别行政区的区花，香港当地称为“紫荆花”。红花羊蹄甲由洋紫荆和羊蹄甲杂交而来，花紫红色，大而美丽，每年的 3、4 月花开满树，繁花似锦。它与洋紫荆的主要区别是，其花相对较大，且不结实。清水河校区湿地公园西侧有分布。

1.12.6 红豆树 *Ormosia hosiei*

野生红豆树是国家二级保护野生植物，它的木材纹理美丽、坚硬细致，是优良的木雕和高级家具用材，其根和种子可入药。由于树龄较大才结果，结实率低，种子虫蛀现象严重，且盗伐严重，所以红豆树野生分布很少，濒危。它的树皮灰绿色，小叶卵形，花冠白色或淡紫色，荚果较扁，近似圆形，种子红色，十分美丽。花期在 4—5 月，果期在 10—11 月。清水河校区生态区有分布。

1.12.7 龙牙花 *Erythrina corallodendron*

龙牙花，又名“象牙红”“珊瑚刺桐”，原产南美洲。太阳鸟等小型鸟类十分喜欢吸食它的花蜜。它的叶片为 3 回羽状复叶，花朵形似红色的龙牙，总状花序腋生，长可达 30 厘米，荚果圆柱形，有长喙，种子深红色，有黑斑。清水河校区生态区、西湖北侧，沙河校区第三教学楼北侧有分布。

1.12.8 黑荆 *Acacia mearnsii*

黑荆是世界著名的速生鞣料树种，其树皮所含单宁量很高，也可作为蜜源或观赏植物。它的叶片是 2 回羽状复叶，圆球形头状花序排成总状花序或圆锥花序，花淡黄色或白色，荚果被有短柔毛。花期在 6 月，果期在 8 月。清水河校区西湖东侧生态区、立人楼 B 区中央有分布。

1.13 蔷薇科

1.13.1 桃 *Prunus persica*

“桃李不言，下自成蹊”，意为桃树、李树不会说话，它们的花和果实会把人吸引过去，树下踩出小路来，比喻为人诚挚，自会有强烈的感召力而深得人心。清水河校区就有这样一片桃李林，春来，繁花似锦，夏来，硕果累累，象征着电子科技大学桃李满天下，孕育着一代又一代优秀的电子信息产业人才。

刘凯 / 摄

邝俊 / 摄

中国是桃的故乡，栽培历史长达3000多年，早在新石器时代人们就已采食桃。中国培育的桃品种，占了世界总数的1/4以上。桃花象征着爱情，桃果象征着吉祥和长寿。自古以来，文人雅士便留下了许多关于桃的诗篇。《诗经》中有“桃之夭夭，灼灼其华”，《大林寺桃花》中有“人间四月芳菲尽，山寺桃花始盛开”，陶渊明的《桃花源记》更是让人进入了一个神奇的世界。

桃的品种繁多，依地理分布并结合其生物特性、形态、特征，可分为北方桃、南方桃、黄桃、蟠桃和油桃5个品种群，而其中的碧桃、绯桃、寿星桃等品种是常见的观赏树种。学校里种植最多的是南方桃和红叶碧桃这两个品种。春日，花开一片，是校园里的一片盛景。

南方桃的果实顶端圆钝，树冠开展，通常长枝结果。花期在3—4月，果期在6—9月。清水河校区体育馆北侧校友林有分布。

刘凯 / 摄

1.13.2 李 *Prunus salicina*

李，又名“嘉应子”，是重要的温带果树之一，常与桃树一起种植在堂前屋后，素有“桃李”之说。它的花纯白而素雅，繁盛而美丽，它的叶片矩圆状倒卵形，光滑无毛，花梗长 1 ~ 2 厘米，区别于桃，萼筒钟状，萼片绿色。花期在 4 月，果期在 7—8 月。清水河校区体育馆北侧校友林、图书馆南侧、宿舍区有分布。

邝俊 / 摄

刘凯 / 摄

1.13.3 梅 *Prunus mume*

梅花，是中国十大名花之首，开百花之先，独天下而春，它傲雪凌霜的品质深受高洁之士喜爱。“不经一番寒彻骨，怎得梅花扑鼻香”“梅须逊雪三分白，雪却输梅一段香”“零落成泥碾作尘，只有香如故”都是歌颂梅花坚韧不拔、无畏寒冬品质精神的著名诗句。1961年，在苏联中断对华合作，以美国为首的西方国家对华进行经济封锁的大背景下，毛泽东创作了《卜算子·咏梅》：“风雨送春归，飞雪迎春到。已是悬崖百丈冰，犹有花枝俏。俏也不争春，只把春来报。待到山花烂漫时，她在丛中笑。”借咏梅来言志，鼓励大家藐视困难，要有敢于战胜困难的勇气和决心。

邝俊 / 摄

梅原产我国南方，迄今已有3000多年的栽培历史，不仅可供观赏，其果亦可制作蜜饯。梅按应用可分为花梅和果梅两大类，其中花梅包括直脚梅、照水梅、龙游梅和杏梅4类，果梅则包括白梅、青梅、花梅3类。不过，果梅中的“花梅”不是指前文提到的花梅，而是指果皮颜色紫红鲜艳的一类果梅。

邝俊 / 摄

梅的叶片卵形或椭圆形，花先叶开放，花梗长1～3毫米，雄蕊多数，且花药不为绯红色，区别于桃。果实近球形，直径2～3厘米，被柔毛，味酸。花期在冬春季，果期在5—6月。清水河校区品学楼南侧、沙河校区主楼南侧有分布。

1.13.4 紫叶李 *Prunus cerasifera* 'Atropurpurea'

紫叶李，又名“红叶李”，是一种常见的观赏树种，与李不属于同一个物种。紫叶李的叶片紫色，花常单生，花梗长 1 ～ 2 厘米，萼片紫红色，花瓣白色，花药橙黄色，果实近球形，直径 1 ～ 3 厘米，黄色、红色或黑色。花期在 4 月，果期在 8 月。清水河校区宿舍区、沙河校区图书馆中央有分布。

邝俊 / 摄

1.13.5 美人梅 *Prunus* × *blireana* 'Meiren'

邝俊 / 摄

美人梅是紫叶李和重瓣粉型梅花的杂交品种，它既有梅花漂亮的花朵，又有终年紫红的叶子，集两个物种的优良性状于一身。美人梅的花瓣一般是粉色，花大，区别于紫叶李；花药红色，花梗较长，区别于梅花。清水河校区生态区、银桦餐厅西北侧有分布。

梨并不是一个单独的物种，而是一个属，全世界共有20多个物种，其中我国分布着14种梨，包括沙梨、白梨、秋子梨等。校园里主要栽培着沙梨这一物种。

1.13.6 沙梨 *Pyrus pyrifolia*

沙梨的果实成熟时萼片大部分脱落，叶片边缘有带刺芒的尖锐锯齿，果实褐色，区别于其他梨。清水河校区体育馆北侧校友林、西湖北侧有分布。

1.13.7 木瓜 *Chaenomeles sinensis*

木瓜，并非水果中的番木瓜，而是《诗经》中“投我以木瓜，报之以琼琚”的木瓜，它在中国的种植历史远比番木瓜悠久，陆游、刘禹锡等都曾留下关于木瓜的诗篇。木瓜不仅可供观赏，其硕大的果实糖渍后也可食用。它的小枝无刺，区别于毛叶木瓜（木瓜海棠）和皱皮木瓜（贴梗海棠），托叶膜质，花粉红色，单生，后于叶开放，萼片反折。花期一般在 3—5 月，果期在 9—10 月。清水河校区西湖西侧有分布。

1.13.8 枇杷 *Eriobotrya japonica*

古时候人们常把枇杷和石榴一起栽植在庭院里，象征着吉祥安康、多子多福。在瓷器和国画中也总能见到它的身影。它金黄色的果实十分讨人喜爱。因为音似琵琶，明代书画家沈石田的友人就闹出过误将枇杷记作琵琶的趣事，写下了“若是琵琶能结果，满城箫管尽开花”的打油诗来自讽。

枇杷的花洁白芳香，闻起来有一种奶油蛋糕的香甜气息。它的叶片革质，叶下部密被灰棕色的绒毛，圆锥花序。花期在 10—12 月，果期在 5—6 月。清水河校区生态区、沙河校区基础与前沿研究院东侧有分布。

1.13.9 西府海棠 *Malus × micromalus*

西府海棠是我国的传统名花，与垂丝海棠、贴梗海棠、木瓜海棠合称“海棠四品”。西府海棠花朵粉红鲜艳，果实酸甜可食。中南海的西花厅就种着这样几株西府海棠，周恩来曾称赞它古朴大方，不张扬，每朵花之间都很团结。邓颖超曾经写道：“夜间你工作劳累了，有时散步站在甬道旁的海棠树前，总是抬着头看了又看，从它那里得到一些花的美色和花的芬芳，得以稍稍休息，然后又去继续工作。”

西府海棠是由山荆子同海棠花或楸子杂交而来的，叶边有尖锐的锯齿，伞形总状花序，萼片披针形，长于萼筒，花瓣粉红色，果实近球形，红色。花期在 4—5 月，果期在 8—9 月。清水河校区生态区、沙河校区宿舍区有分布。

邝俊 / 摄

1.13.10 垂丝海棠 *Malus halliana*

垂丝海棠形似西府海棠，但其花梗长且细，明显下垂，区别于西府海棠。其叶边有钝细锯齿，萼片三角卵形，与萼筒等长或稍短，果实梨形或倒卵形。花期在 3—4 月，果期在 9—10 月。清水河校区生态区有分布。

1.13.11 关山樱 *Prunus serrulata* 'Sekiyama'

樱花，起源于喜马拉雅，早在2000多年前的秦汉时期，就在我国宫苑内有种植，唐朝时已普遍出现在私家庭院里。白居易曾写道：“小园新种红樱树，闲绕花枝便当游。”樱花被前来朝拜的日本使者带回国后，因其鲜艳美丽，被日本奉为国花，并选育出多种观赏樱花。根据开花时间的不同，樱花可分为早樱（3月初或更早开花）、中樱（3月中下旬开花）和晚樱（3月末或4月初）3类。根据花色的不同，樱花又可分为白樱、粉樱、红樱、绿樱等品类。

关山樱是晚樱的代表品种，在国内广泛栽培。其花粉红色，重瓣，不结实，花期通常在3月底或4月初，花叶同开。花开时候，繁英满树，是春天一道非常亮丽的景色。落花时节，微风一吹，便下起一场粉红色的樱花雨，十分好看。清水河校区立人楼中央、沙河校区主楼北侧有分布。

1.13.12 御衣黄樱 *Prunus serrulata* var. *lannesiana* 'Gioiko'

御衣黄樱是绿樱的一种，一般在 3 月中下旬开放。花朵初开时，花瓣为绿色，等到中晚期，会从花心开始由内而外地变为粉色，十分奇特。御衣黄樱与另一种绿樱——郁金樱的主要区别在于其花心有红色或白色的条纹，且花瓣相对没有那么舒展。清水河校区四号科研楼 A 区、生态区有分布。

1.13.13 大岛樱 *Prunus speciosa*

大岛樱是野生樱花的代表，很多樱花品种都由它培育而来。它的花较大，白色，单瓣，花叶同开，呈伞房状开放，萼筒长钟形，萼片呈披针形，边缘有锯齿，花期在 3 月中旬，果期在 5 月。清水河校区日晷旁、学子餐厅东侧有分布。

1.14 桑科

榕树一般指榕属的大部分植物，四季常绿，有很多都是良好的观赏树种，南方常见的榕树有雅榕和黄葛树。榕树的花不像海棠花或者梨花一样醒目，它的花被包裹在一起，形成一种叫作隐头花序的结构，或称榕果，仅在底部留有一个狭窄的通道，供榕小蜂进出，帮助榕树完成授粉。榕小蜂与榕树的这种关系是动植物之间互利共生、协同进化的典型代表。校园内分布着雅榕、菩提树和黄葛树 3 种榕树。

1.14.1 雅榕 *Ficus concinna*

雅榕，又名“小叶榕”，有从树干垂下的气生根，可以独木成林。它的小枝无毛，叶边缘无锯齿，榕果球形，直径 4 ～ 5 毫米，榕果基部苞片早落，总柄长不及 5 毫米或没有总柄，花果期在 3—6 月。清水河校区体育馆北侧、生态区，沙河校区主楼南侧有分布。

1.14.2 菩提树 *Ficus religiosa*

菩提树是佛教“五树六花”之一。相传，佛祖释迦牟尼就是在菩提树下静坐七天七夜，最终修成正果，顿悟成佛。而菩提子与菩提树没有多大关系，它并不是菩提树的种子，而是由其他物种的坚硬种子制作的。菩提树的叶片尖端十分细长，被称为滴水叶尖，这是热带地区的植物为了尽快将叶片上的雨水排干演化出的一种结构。许多天南星科植物的叶片也有这种结构。花期在 3—4 月，果期在 5—6 月。清水河校区立人楼中央、苗圃有分布。

1.14.3 黄葛树 *Ficus virens*

黄葛树，又名“黄桷树”，可以长得非常高大，是良好的遮阴树。黄葛树的种子特别喜欢在树干和崖壁上发芽，随后，它的根会逐渐伸长，扎进土壤深处，然后植株开始迅速长高长大，直到长成一棵参天大树。花期在4—8月，果期在8—11月。清水河校区西湖湖心岛上的“大板根”，就是在崖壁上发芽后长成的。在清水河校区主楼的东南侧，有这样一棵重生的黄葛树，它在2014年的暴雨中不幸倒塌，茎部和根部完全分离，只剩少量的气生根，在用吊车扶正、泥土固定及钢架支撑后，尽管失去了主根，这棵黄葛树仍然爆发出了顽强的生命力，奇迹般地存活了下来，非常令人赞叹。

1.14.4 构 *Broussonetia papyrifera*

构，又名“楮桃”，在我国南北各地均有分布，韧皮部纤维可作造纸材料。它橙红色的果实酷似杨梅，有的地方称其果实为野杨梅，它的小枝密被灰色粗毛，叶片背部密被细绒毛，不裂或 3～5 裂，花雌雄异株，雄花序为柔荑花序，雌花序头状，聚花果球形。花期在 4—5 月，果期在 6—7 月。清水河校区朝阳餐厅东侧有分布。

1.15 壳斗科

1.15.1 栓皮栎 *Quercus variabilis*

栓皮栎的树皮有十分发达的木栓层，是我国生产软木的主要原料。它的树皮深纵裂，小枝无毛，小苞片钻形、反曲，坚果近球形、富含淀粉。花期在3—4月，果期在翌年9—10月。清水河校区生态区有分布。

1.16 胡桃科

1.16.1 胡桃楸

Juglans mandshurica

胡桃楸，又名“野核桃”，是胡桃属的一个物种，种仁可食，木材可制作车轮、供建筑用等，树皮纤维可作造纸原料。它通常有 7～25 枚小叶，小叶有锯齿，区别于胡桃。花药有毛，雌花序有 5～10 朵雌花，果实较小，花期在 5 月，果期在 8—9 月。清水河校区足球训练场南侧有分布。

1.16.2 枫杨

Pterocarya stenoptera

枫杨是一种美丽的观赏树种，果实可作饲料和用于酿酒，种子可供榨油，它的幼芽没有芽鳞，常几个叠生在一起，偶数羽状复叶，叶轴有窄翅，雌葇荑花序顶生，果翅条状长圆形，花期在 4—5 月，果期在 8—9 月。清水河校区湿地公园、图书馆南侧有分布。

1.17 桦木科

1.17.1 桤木 *Alnus cremastogyne*

桤木是我国的特有物种，在四川各地普遍分布，亦见于贵州北部、陕西南部、甘肃东南部，模式标本采自四川西部。它的叶片倒卵形或长圆形，叶下、叶柄、枝、果序梗等在幼时无毛，雌花序单生叶腋，长圆形，小坚果具翅，花期在 3—4 月，果期在 11 月。清水河校区朝阳餐厅东南侧有分布。

1.18 杜英科

1.18.1 杜英 *Elaeocarpus decipiens*

杜英是一种美丽的观赏树种，流苏状的花朵纯白而繁盛，通常在毕业季开放，金刚菩提子就是用与其同属的圆果杜英的种子做的。它的叶片革质，披针形或倒披针形，边缘有小钝齿，快要脱落时会变成鲜艳的红色，总状花序生于叶腋及无叶老枝上，花瓣白色，上半部撕裂，雄蕊 25 ～ 30 枚，核果椭圆形，花期在 6—7 月，果期在 10—11 月。清水河校区主楼东南侧、沙河校区通信楼北侧有分布。

1.19 杨柳科

1.19.1 加杨 *Populus × canadensis*

加杨，又名“加拿大杨”，落叶乔木，树形高大，生长迅速，是优良的行道树，在我国南北各地均有广泛种植。夏天，在加杨树下乘凉，一边吹着凉风，一边听着树叶沙沙作响，非常惬意。其叶三角形或三角状卵形，葇荑花序下垂，花先叶开放，雄花序较雌花序稍早开放。花期在 4 月，果期在 5—6 月。清水河校区西湖南侧有分布。

1.19.2 垂柳 *Salix babylonica*

邝俊 / 摄

古诗词中的杨柳通常指的是垂柳，而不是杨树和柳树。垂柳常种植于水边，其纤细的枝叶随风摆动，婀娜多姿，非常动人。杭州西湖苏堤上的垂柳就堪称一绝。垂柳通常被视为春天的象征，常在农历二月发芽，花期在 3—4 月，果期在 4—5 月。“草长莺飞二月天，拂堤杨柳醉春烟”描写的就是一幅生机勃发、春意盎然的场景。此外，古人在送别时也会通过折柳表达惜别怀远之情，譬如“渡边杨柳青青。枝枝叶叶离情”。俗语“无心插柳柳成荫”便描述了垂柳的繁殖方法是扦插。清水河校区的西湖边、沙河校区第三教学楼北侧的池塘边有分布。

1.19.3 柞木 *Xylosma congesta*

柞木，常绿乔木或灌木，树形优美，秋天紫黑色的果实挂满枝头，十分好看。柞木不仅可供庭院观赏，同时也是良好的蜜源植物。木材可做家具，叶、刺可供药用。柞木的枝叶有两种形态：一是幼枝有尖锐的刺，且叶片偏卵圆形；二是结果的树枝没有刺，且叶片变成了菱状椭圆形，较为细长。不仔细甄别，甚至会误认为幼树和大树是两个物种。

柞木的花单性，雌雄异株，总状花序腋生，没有花瓣，浆果球形。花期在 5—7 月，果期在 9—10 月。清水河校区湿地公园东侧有分布。

1.20 大戟科

1.20.1 乌桕 *Triadica sebifera*

乌桕是一种美丽的彩叶植物，树冠整齐，叶形秀丽，观赏价值很高。秋天，满树的叶子会变成橙黄色，十分美观。冬天，白色的种子深受鸟儿们的喜爱。

乌桕在中国有悠久的种植历史，杨万里曾写道：“梧叶新黄柿叶红，更兼乌桕与丹枫。”除了可供观赏，它的叶子还是黑色染料，可染衣物，假种皮的白色蜡质层溶解后可制肥皂、蜡烛，种子油可涂油纸、油伞。它的叶互生，菱形，花单性，雌雄同株，总状花序，蒴果，花期在4—8月。清水河校区湿地公园东侧有分布。

1.21 千屈菜科

1.21.1 紫薇 *Lagerstroemia indica*

刘凯 / 摄

紫薇，又名“痒痒树”，相传用手挠其“胳肢窝”，树枝会左右摇晃，沙沙作响，就像被挠了痒痒一样。紫薇的花色鲜艳美丽，花期长，杨万里就曾用“谁道花无红十日，紫薇长放半年花”来称赞它。紫薇是一种落叶小乔木，秋天叶片会变成橙黄色，树皮平滑，小枝具 4 棱，花淡红、紫色或白色，圆锥花序，蒴果，成熟时紫黑色。花期在 6—9 月，果期在 9—12 月。清水河校区主楼北侧、科研楼 B 区东侧（扇形紫薇），沙河校区西门东南侧有分布。

1.21.2 南紫薇 *Lagerstroemia subcostata*

南紫薇是紫薇属的另一个物种，它虽然没有紫薇那么大而艳丽的花，但却拥有秋日里迷人的彩叶，是校园里仅次于银杏的那一抹金黄。南紫薇的花萼长不足 5 毫米，花萼内面有环带，小枝圆柱状，区别于紫薇。蒴果椭圆形，长 6 ～ 8 毫米，3 ～ 6 瓣裂。花期在 6—8 月，果期在 7—10 月。清水河校区西湖西侧有分布。

1.21.3 石榴 *Punica granatum*

石榴原产欧亚交界处，在我国的栽培历史可追溯到汉代，相传由张骞引入。石榴是良好的庭园观赏植物。其叶翠绿，花大而鲜艳，果实色泽光亮。石榴在中国传统文化中被视为吉祥物，象征着多子多福，石榴纹在瓷器中也十分常见。我们通常食用的是石榴的外种皮，它是石榴种子的一部分，而且不能脱离种子存在，这也正是不能培育出无籽石榴的原因。

石榴树枝的顶端通常有尖锐的长刺，幼枝有棱角，叶片对生，秋天变为黄色，花红色或绿白色，浆果近球形，像金罍一样。清水河校区生态区、沙河校区主楼南侧有分布。

1.22 漆树科

1.22.1 野漆 *Toxicodendron succedaneum*

野漆树干的乳液可作生漆用，是优良的防腐、防锈涂料，根、叶可入药，中果皮的漆蜡也可做蜡烛。它是良好的彩叶树种，秋冬季树叶会变成鲜红色。野漆的各部无毛，复叶具 9 ~ 15 小叶，小叶下面常被白粉，花黄绿色，核果斜卵形，花期在 4—5 月，果期在 10—11 月。清水河校区生态区有分布。

1.22.2 盐麸木 *Rhus chinensis*

盐麸木，又名“五倍子树”，五倍子蚜虫寄生在幼枝和叶上可形成虫瘿，即中药五倍子。盐麸木的复叶具 7～13 小叶，小叶边缘具粗锯齿，叶轴具叶状宽翅，这是它的主要识别依据。圆锥花序，花白色，核果扁球形，红色。花期在 7—9 月，果期在 10—11 月。清水河校区湿地公园东侧有分布。

1.23 无患子科

1.23.1 全缘叶栾树 *Koelreuteria bipinnata* var. *integrifoliola*

全缘叶栾树，又名“黄山栾树”，乔木，其树形端正，枝叶茂密，是一种优良的行道树。夏末秋初开花时，满树金黄：深秋季节，其蒴果粉紫色，挂满枝头，十分好看。它是复羽叶栾树的一个变种，具有原变种 2 回羽状复叶、花瓣 4 片的性状，与原变种的区别是小叶边缘通常无锯齿，花期在 7—9 月，果期在 8—10 月。清水河校区基础实验楼东侧有分布。

槭树，是槭属树种的泛指，有些又称“枫树”。槭属中有许多物种都是世界闻名的观赏树种，包括鸡爪槭、挪威槭、元宝槭、梣叶槭、糖槭等。校园内分布着鸡爪槭和元宝槭 2 种槭树。

1.23.2 鸡爪槭 *Acer palmatum*

鸡爪槭因其叶片形似鸡爪而得名，是中国园林中较为常见的红叶树种。人们常说的红枫就是鸡爪槭。它的叶形美观，入秋后变为鲜红色，如花般绚烂，极具观赏价值。鸡爪槭的小枝紫色或淡紫绿色，叶掌状 7 深裂，所以又叫“七角枫”。幼果紫红色，熟后褐黄色，两翅成钝角，花期在 5 月，果期在 9 月。清水河校区主楼北侧校友林，沙河校区西门东南侧、宿舍区有分布。

邝俊 / 摄

1.23.3 元宝槭 *Acer truncatum*

元宝槭的果实形状像倒放的元宝，叶片掌状 5 深裂，秋天会变成金黄色，甚是美丽。花期通常在 5 月，果期在 9 月。清水河校区东湖北侧有分布。

1.24 芸香科

1.24.1 柚 *Citrus maxima*

柚，又名“大麦柑”，秋天成熟，为长江以南各省份的常见水果。市面上的柑橘类水果多由其杂交形成，包括橙、柑柚、柠檬等，野生柚就是它们的亲本之一。柚的花极香，叶、花和果皮都含有与香橼和柠檬类大致相同的芳香油，果实既有球形又有梨形。按果肉风味，柚可分为酸柚与甜柚，其中酸柚果皮较厚，果肉较酸，甚至带苦味，常作为嫁接的砧木。柚的叶片同柑橘属大多数物种一样，是单身复叶，在顶部的大叶片下有着小小的翼叶，十分奇特。柚的品种繁多，达上百种。其花梗、萼片及子房均被毛，种子具单胚，与其他柑橘相区别，花期通常在4—5月，果期在9—12月。清水河校区图书馆北侧、东湖西侧有分布。

1.25 楝科

1.25.1 楝 *Melia azedarach*

楝，又称“苦楝”，每年4月，花团锦簇，紫气氤氲，香飘十里。王安石的诗句“桑条索漠楝花繁，风敛余香暗度垣”就是描写的楝树花开的场景。楝树的果实圆滚滚的，一个个挂满枝头，虽然苦涩，但仍是鸟儿们冬天宝贵的粮食。成熟后晒干的果实，称为“川楝子”，内含川楝素，有驱虫功效。楝的叶片是2～3回奇数羽状复叶，花淡紫色，果核球形或椭圆形，花期在4—5月，果期在10—11月。清水河校区西湖西北侧有分布。

1.26 锦葵科

1.26.1 木芙蓉 *Hibiscus mutabilis*

木芙蓉，又名“芙蓉花”，花大色丽，是成都市的市花，“蓉城”一名便是由此而来。木芙蓉的花初开时为纯白色，之后变为粉红色，最后整朵花就变成了深红色，十分有趣。

木芙蓉的花、叶可供药用。其叶片通常5～7裂，花单生叶腋，近顶端具节，花梗和小苞片密被星状的短棉毛，蒴果扁球形，花期在8—10月。清水河校区学子餐厅南侧、东湖西侧有分布。

1.26.2 梧桐 *Firmiana simplex*

相传，梧桐是灵树，能知时令。庄子曾用“凤凰非梧桐不止，非练实不食，非醴泉不饮”来表明自己鄙弃功名利禄的立场和志趣。清水河校区就种着两株梧桐树，它们位于主楼的西北角，夏天绿树成荫，秋天果实累累。

梧桐是制作乐器的良材，中国古代四大名琴之一的焦尾琴就是用梧桐木所制。东汉著名文学家、音乐家蔡邕在吴会之地逃亡时，忽然听到吴人焚烧的梧桐木声响异常，于是将其抢救出来，裁制为琴，因琴尾仍然留有焦痕，故称此琴为“焦尾”。

梧桐的叶心形，掌状3～5裂，圆锥花序顶生，花淡黄绿色，蓇葖果成熟前开裂成叶状。种子圆球形，黑褐色，炒熟后可食用，花期在6月。

1.27 蓝果树科

1.27.1 喜树 *Camptotheca acuminata*

喜树与著名的植物“活化石”珙桐都属于蓝果树科，亲缘关系比较接近，都是我国的特有物种，1999 年被列为第一批国家二级保护野生植物。因其种群数量稳定且在国内分布较广，2021 年不再被列为国家重点保护野生植物。喜树生长迅速，是优良的行道树。其叶互生，长圆形或椭圆形，果实为翅果，聚集成头状果序。花期在 5—7 月，果期在 9 月。清水河校区西湖西侧、南侧均有分布。

1.28 山茱萸科

1.28.1 头状四照花 *Cornus capitata*

头状四照花的花朵洁白美丽，白色部分不是花瓣，而是 4 枚总苞片，中间球形部分是一朵朵小花。果实成熟时为红色，像荔枝一样，可食，味酸甜。它的叶片革质，下面有白色较粗的贴生短柔毛，脉腋有簇生毛，球形花序顶生，常由 60 ~ 70 朵小花组成。花期在 5—7 月，果期在 8—10 月。清水河校区银桦餐厅东侧有分布。

1.29 柿科

1.29.1 乌柿 *Diospyros cathayensis*

乌柿是柿属的一个物种，秋冬季节，黄澄澄的小柿子挂满枝头，非常好看。鸟儿们也很喜欢啄食它的果肉。乌柿的枝干有枝刺，小枝被柔毛，叶片薄革质，长圆状披针形；雄花为聚伞花序，雌花单生，白色，芳香；果球形，直径1.5～3厘米。花期在4—5月，果期在8—10月。清水河校区西湖北侧有分布。

1.30 丝缨花科

1.30.1 桃叶珊瑚 *Aucuba chinensis*

桃叶珊瑚果实鲜红光亮，果期长达半年，是良好的观果植物。它的小枝二歧分枝，叶革质，圆锥花序顶生，雄花和雌花在花期时为绿色或紫红色。花期在1—2月，果期较长，一、二年生果序常同存于枝上。清水河校区学子餐厅西侧、图书馆北侧有分布。

1.31 木樨科

1.31.1 木樨 *Osmanthus fragrans*

木樨，又名“桂花”，是我国传统名花，有金桂、银桂、丹桂等品种。花开时，花芳香馥郁，沁人心脾。杭州的市花就是桂花，柳永词中有“三秋桂子，十里荷花”。除了可供观赏，桂花还可制作膳食，桂花糕、桂花糖藕就是其中的代表。木樨树皮灰褐色，叶片革质，椭圆形、长椭圆形或椭圆状披针形，聚伞花序簇生于叶腋，果歪斜，椭圆形，成熟时紫黑色，花期在9—10月上旬，果期在翌年3月。

清水河校区的丹桂路、主楼南侧，以及沙河校区的主楼西侧种植了大量的桂花树。花开时节，为校园裹上了一层浓浓的香甜，深吸一口，就仿佛吃到了蜜糖一样。

刘凯 / 摄

刘凯 / 摄

木樨的果子通常在第二年的 3 月成熟，成熟时呈紫黑色，椭圆形，白头鹎等鸟儿很喜欢吃。

1.31.2 女贞 *Ligustrum lucidum*

女贞开花时，街头巷尾都是它甜甜的香味，风吹过后，细细密密的小白花铺满地面。除了可供观赏，其植株可作嫁接桂花、丁香的砧木，果实可酿酒、制酱油、入药，枝叶上可放养白蜡虫。女贞的叶卵形或椭圆形，两面无毛，圆锥花序塔形，果肾形，成熟时蓝黑或红黑色，被白粉。花期在 5—7 月，果期从 7 月至翌年 5 月。清水河校区学子餐厅西侧、沙河校区第三教学楼北侧有分布。

1.32 紫葳科

1.32.1 蓝花楹 *Jacaranda mimosifolia*

蓝花楹原产南美洲，树形优美，花朵艳丽，被世界各地引种栽培。其花蓝紫色，开花时节繁花似锦，蔚为壮观。它的叶为 2 回羽状复叶，对生，花冠钟状，果圆形或长圆形，扁平，十分坚硬，花期在 5—6 月，果期在 11 月。清水河校区图书馆四周、宿舍区有分布。

广险 / 摄

1.32.2 菜豆树 *Radermachera sinica*

菜豆树，又名“幸福树”，其果荚形似菜豆。它的树形十分美观，通常被制作成盆景。它在自然生长的条件下可以长到 10 米高。菜豆树的叶为 2 回羽状复叶，花冠较大，长 6 ～ 8 厘米，白色或淡黄色，蒴果细长，长达 80 多厘米。花期在 5—9 月，果期在 10—12 月。清水河校区宿舍区有分布。

1.33 冬青科

1.33.1 冬青 *Ilex chinensis*

冬青，顾名思义，即便在冬天也郁郁葱葱，它是我国常见的庭园观赏树种。秋冬时候，红色的果实挂满枝头，十分好看。冬青的树皮、种子和根可供药用，木材可作雕刻用。其叶为椭圆形或披针形，有圆齿，无毛，复聚伞花序单生于叶腋，花淡紫或紫红色，果长球形。花期在4—6月，果期在7—12月。清水河校区生态区有分布。

1.33.2 枸骨 *Ilex cornuta*

枸骨，又名“猫儿刺”“鸟不宿”，冬青属植物。它的叶片十分奇特，四角状长圆形或卵形，有很硬的刺齿，和其红色的果实搭配在一起格外好看。花期通常在4—5月，果期在10—12月。清水河校区西湖湖心岛、科研楼B区南侧有分布。

1.34 棕榈科

棕榈科的植物往往高大优美，其叶仅在茎顶部生长，具有较高的观赏和食用价值，包括棕榈、椰子、槟榔等著名物种。校园内分布着假槟榔、女王椰子、林刺葵、蒲葵、鱼尾葵、棕竹等棕榈科树种。

1.34.1 假槟榔 *Archontophoenix alexandrae*

假槟榔虽然名字中带有槟榔，但却和槟榔是不同属的物种。假槟榔的叶羽状全裂，长 2～3 米，有 2 列线状披针形的羽片，花序生于叶鞘之下，圆锥式的花序扩展，分支可达 2～3 级，小穗轴通常呈明显之字形曲折，果实卵球形，红色。花期在 4 月，果期在 4—7 月。清水河校区学子餐厅东侧有分布。

1.34.2 女王椰子
Syagrus romanzoffiana

女王椰子，又名“皇后葵”“金山葵”，叶片羽状全裂，有较多成组排列的线状披针形羽片，花序生于叶腋，一回分枝，呈之字形弯曲，果实近球形，橙黄色，可食。花期在 2 月，果期从 11 月至翌年 3 月。清水河校区宿舍区、学生活动中心东侧有种植。

1.34.3 林刺葵 *Phoenix sylvestris*

林刺葵，又名“橙枣椰”，树冠半球形，茎部具有宿存的叶柄基部，叶片的剑形羽片排成 2 ～ 4 列，下部的羽片较上部小，花序直立，分枝花序纤细，果序具节，果实橙黄色，果期在 9—10 月。清水河校区东湖西侧有分布。

1.34.4 蒲葵 *Livistona chinensis*

蒲葵是我国的本土物种，它的嫩叶可以用来编织蒲扇，老叶可制蓑衣，小时候学校门口售卖的草编蚂蚱多是用蒲葵的嫩叶制作的。蒲葵的叶片呈宽肾状扇形，直径可达 1 米，掌状深裂，叶裂片顶部分裂成 2 片细长下垂的小裂片，区别于大叶蒲葵。叶柄下部的两侧有下弯的刺，肉穗圆锥花序腋生，花两性，黄绿色，核果椭圆形，黑褐色，花果期在 4 月。清水河校区成电会堂北侧、沙河校区主楼北侧有分布。

1.34.5　鱼尾葵 *Caryota maxima*

鱼尾葵因其叶片形似鱼尾而得名，它的茎是绿色的，表面具有白色的毡状绒毛，茎的髓部富含淀粉，可以作为桄榔粉的代用品。鱼尾葵叶片的羽片互生，花序分枝，果实球形，红色，花期在 5—7 月，果期在 8—11 月。清水河校区宿舍区、品学楼 C 区中庭有分布。

石楠
黄金串钱柳
杜鹃花科
长叶胡颓子
桑寄生
千屈菜科
萼距花
马鞭草科
马缨丹
卫矛科
叶子花
水麻
双荚
月季
玄参科
杜鹃
绣球
荨麻科
花叶青木
皱皮木瓜
唇形科
丝缨花科
绣球花科
胡颓子科
蜡梅
木茼蒿
臭牡丹
六月雪
海桐科
冬青卫矛
山茱萸科
菊科
桑寄生科
栀子
茶梅
四川苏铁
金娘科
木本曼陀罗
蚊母
油茶
小蜡
五加科
木樨科
棕竹
小檗科
豆科
三花莸
单体红

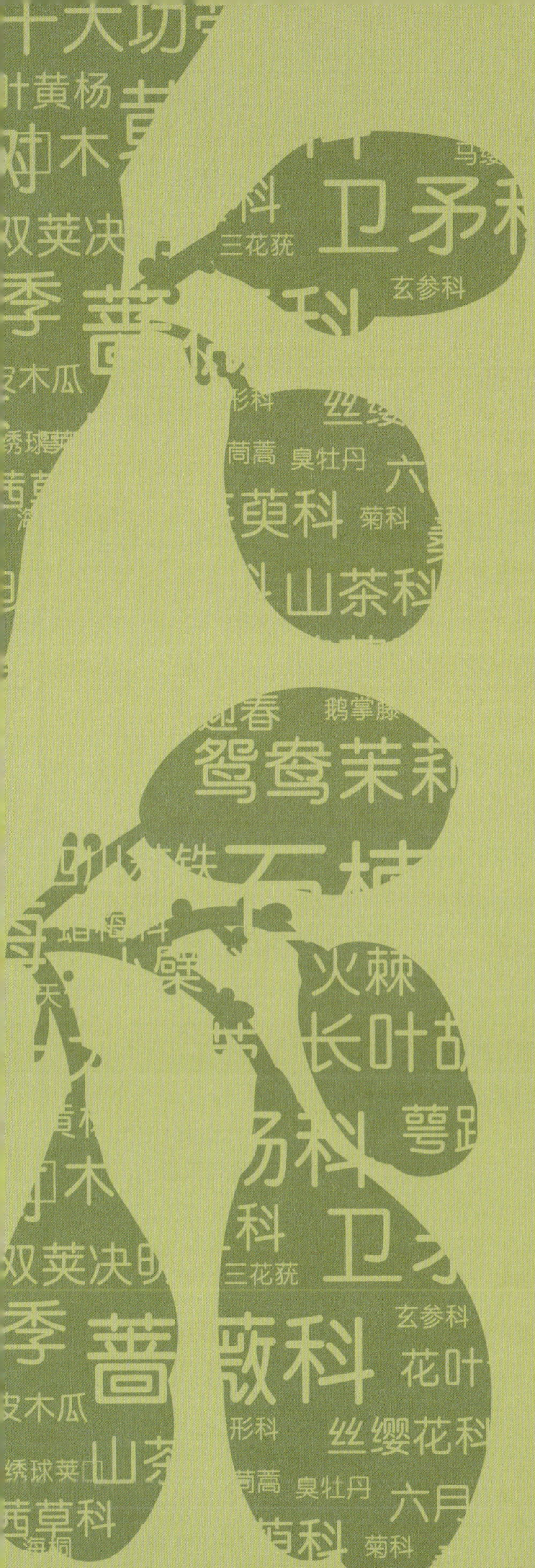

2 灌木

❷灌木

- 苏铁科
  - 苏铁
  - 仙湖苏铁
- 蜡梅科
  - 蜡梅
- 小檗科
  - 南天竹
  - 十大功劳
- 黄杨科
  - 小叶黄杨
- 金缕梅科
  - 檵木
  - 蚊母树
- 豆科
  - 双荚决明
- 蔷薇科
  - 月季花
  - 贴梗海棠
  - 石楠
  - 火棘
- 胡颓子科
  - 长叶胡颓子
- 荨麻科
  - 水麻
- 卫矛科
  - 冬青卫矛
- 千屈菜科
  - 萼距花
- 桃金娘科
  - 溪畔白千层
- 桑寄生科
  - 川桑寄生
- 紫茉莉科
  - 叶子花
- 绣球花科
  - 绣球
- 山茱萸科
  - 小梾木
- 山茶科
  - 山茶
  - 单体红山茶
  - 茶梅
  - 油茶
- 杜鹃花科
  - 锦绣杜鹃
- 丝缨花科
  - 花叶青木
- 茜草科
  - 六月雪
  - 栀子
- 茄科
  - 木本曼陀罗
  - 鸳鸯茉莉
- 木樨科
  - 小蜡
  - 茉莉花
  - 野迎春
- 玄参科
  - 白背枫
- 马鞭草科
  - 马缨丹
- 唇形科
  - 三花莸
  - 臭牡丹
- 五福花科
  - 绣球荚蒾
  - 日本珊瑚树
- 海桐科
  - 海桐
- 五加科
  - 八角金盘
  - 鹅掌藤
- 棕榈科
  - 棕竹

2.1 苏铁科

苏铁类植物最早出现于古生代，曾是植食性恐龙的主要食物来源之一，与银杏类、松柏类植物一道，让中生代成为裸子植物发展最为鼎盛的时期。不过现在，苏铁类植物只剩10个属，100多种，濒危。中国所有野生的苏铁类植物都属于国家一级保护野生植物，四川省攀枝花市拥有全国唯一的苏铁类植物国家级自然保护区。

2.1.1 苏铁 *Cycas revoluta*

苏铁，又名“铁树”，是一种优美的观赏树种，不耐严寒，生长缓慢，寿命长达 200 年。民间所说的“铁树千年开一次花”其实是误传，虽然北方的苏铁确实较少开花，但在南方，树龄 10 ～ 20 年的苏铁几乎年年开花。苏铁的茎内含淀粉，可供食用，种子含油和丰富的淀粉，有微毒。苏铁的叶一回羽裂，革质，雄球花圆柱形，金黄色，雌球花椭球形，大孢子叶上密生淡黄色的绒毛，种子橘红色，孢子叶球期在 6—7 月，种子在 9—10 月成熟。清水河校区主楼南侧、品学楼周边，沙河校区主楼南侧均有分布。

2.1.2 仙湖苏铁 *Cycas szechuanensis*

仙湖苏铁是苏铁属的一个物种，其羽状裂片较大，质地厚，长 18 ～ 40 厘米，宽 12 ～ 14 毫米，大孢子叶上部顶片的顶端呈圆形轮廓，胚珠无毛，区别于其他苏铁，花期在 4—6 月，种子在 10—11 月成熟。沙河校区宿舍区有分布。

雷一博 / 摄

2.2 蜡梅科

2.2.1 蜡梅 *Chimonanthus praecox*

蜡梅，又名“腊梅”，因其花瓣蜡质且香浓似梅而得名，常在腊月开放。冬日里将蜡梅切花放在室内，不一会儿香气便会充满整个房间。蜡梅虽带梅字，但同常说的梅花却是完全不同的两个物种。梅是蔷薇科李属的植物，与桃、杏亲缘关系密切，而蜡梅则属于蜡梅科，不管是花朵还是果实的结构，都与梅有较大的差异。蜡梅的根、叶、花均可入药。

蜡梅是一种落叶灌木，其鳞芽被短柔毛，叶纸质，花黄色，基部具爪，果托坛状，近木质，种子黑褐色，长椭圆形。花期从 11 月至翌年 3 月，果期在 4—11 月。清水河校区和沙河校区的主楼北侧均有分布。

2.3 小檗科

2.3.1 南天竹 *Nandina domestica*

南天竹树形优美，秋冬季红色的果子鲜艳美丽，非常适合做盆景或者种植在庭院里。南天竹是一种常绿小灌木，其根、叶果可入药。茎常丛生而少分枝，叶互生，3 回羽状复叶，圆锥花序，花白色，浆果球形，花期在 3—6 月，果期在 5—11 月。清水河校区银杏大道东侧、宿舍区，沙河校区西门东南侧有分布。

2.3.2 十大功劳 *Mahonia fortunei*

十大功劳和南天竹一样，同属小檗科，全株可供药用。十大功劳的花金黄色，果实最初淡绿色，之后粉紫色，最后变成深蓝紫色，十分好看。其叶倒卵形或倒卵状披针形，总状花序簇生，浆果球形，被白粉，花期在 7—9 月，果期在 9—11 月。清水河校区宿舍区有分布。

2.4 黄杨科

2.4.1 小叶黄杨 *Buxus sinica* var. *parvifolia*

小叶黄杨是黄杨的一个变种，四季常绿，即便是冬天依然郁郁葱葱，非常具有生命力，是良好的观叶植物。其叶薄革质，阔椭圆形或阔卵形，侧脉明显凸出，头状花序腋生，蒴果近球形，花期在3月，果期在5—6月。清水河校区银杏大道东侧、沙河校区体育馆南侧有分布。

2.5 金缕梅科

2.5.1 檵木 *Loropetalum chinense*

檵木的原变种叶片绿色，花白色，像流苏一样，十分素雅美丽。园林中通常种的是檵木的一个变种，叫作“红花檵木”。红花檵木不仅花是红的，如红丝带一般，叶一年四季也是红的，看起来十分喜庆。花期通常在 3—4 月。清水河校区西湖湖心岛、科研楼 B 区西南侧，沙河校区 211 大楼西侧有分布。

2.5.2 蚊母树 *Distylium racemosum*

蚊母树的叶片上经常长有一些紫红色的空心小疙瘩。这些小疙瘩其实是虫瘿，它是由瘿蚜刺破幼叶后导致细胞异常分裂分化形成的，变红后会从顶端开裂，长有翅膀的瘿蚜成虫会从里面飞出，继续寻找新的寄主。虫瘿不光在蚊母树上十分常见，在盐麸木、榆树、加杨等诸多植物上也能找到它们的身影。此外，能引起虫瘿的也不只有瘿蚜，叶蜂、蚧壳虫，甚至真菌和细菌都能诱导虫瘿的形成。作为一种四季常绿的树种，蚊母树近年来被广泛应用于园林中。它的叶片椭圆形，总状花序，蒴果卵圆形，花期在 4—5 月，果期在 8—10 月。清水河校区湿地公园北侧有分布。

2.6 豆科

2.6.1 双荚决明 *Senna bicapsularis*

双荚决明虽然属于决明属，但种子却不能作为决明子用。它的花大，多而繁盛，是良好的观赏植物。因其根部有能固氮的根瘤，所以与其他植物种植在一起可以起到增肥的作用，被称为“绿肥”。双荚决明的叶是一回羽状复叶，总状花序，花金黄色，荚果圆柱状，花期在10—11月，果期从11月至翌年3月。清水河校区西湖北侧有分布。

2.7 蔷薇科

2.7.1 月季花 *Rosa Chinensis*

在英文中，野蔷薇、月季花和玫瑰统称为“rose”，花店里最常看到的“玫瑰”其实也是一种月季，真正的玫瑰常常被用于制作香水或者鲜花饼。中国是月季花的原产地，早在汉朝时，宫苑中就种植了大量月季，而且《本草纲目》《群芳谱》中也有对月季的记载。中国还培育出了月月粉、赤龙含珠、帕氏淡黄香水月季、休氏粉晕香水月季等著名的“中国月季四大老种”。这四大老种被植物猎人从中国带回欧洲后，与原有的野生蔷薇和栽培蔷薇杂交，才有了欧洲现在的月季花。在此之前，欧洲只有野蔷薇，没有月季花。可以说，中国月季花是当之无愧的世界月季之母。

月季花的小枝近无毛，有短粗钩状皮刺或无刺，小叶 3 ~ 5 片，有锐锯齿，两面近无毛，上面常带光泽，萼片卵形，先端尾尖，果实卵圆形或梨形，成熟时为红色，花期 4—9 月，果期 6—11 月。清水河校区四号科研楼东侧、沙河校区体育馆西侧有分布。

2.7.2 贴梗海棠 *Chaenomeles speciosa*

贴梗海棠，又名“皱皮木瓜”，是“海棠四品”之一，因果实表皮有褶皱而得名。贴梗海棠通常在冬季开花，花朵常为大红色，也有粉红或乳白的品种，十分好看。贴梗海棠经常被误认为是梅花，但其实与梅花不属于同一个属。贴梗海棠的花朵开放的时候叶片会相继长出，而梅花开放的时候通常没有叶片，由此就可以将二者区别开来。贴梗海棠的枝条有刺，叶片卵形，花先叶开放，簇生，果实球形或卵球形，花期通常在3—5月，果期在9—10月。清水河校区西湖南侧、宿舍区有分布。

2.7.3 石楠 *Photinia serratifolia*

石楠是我国南方一种常见的常绿观赏树种，有的品种新叶为红色，像花一般鲜艳。果实红色，在冬天十分醒目。石楠可以作为嫁接枇杷的砧木，根、叶可入药。它的叶片革质，复伞房花序，花白色，果实球形，花期在4—5月，果期在10月。清水河校区五号科研楼东侧、沙河校区西门东南侧有分布。

2.7.4 火棘 *Pyracantha fortuneana*

火棘，又名“救军粮”，秋天火红的果实挂满枝头，像小山楂一样，是鸟儿们非常喜欢的粮食。将果实磨成粉后也可以作为应急的食品。清水河校区西湖的湖心岛上种植了好几株火棘，果实成熟的时候像红色的瀑布一样，下垂到湖面上。火棘的叶片倒卵形，复伞房花序，花瓣白色，果实近球形，花期通常在3—5月，果期在8—11月。

2.8 胡颓子科

2.8.1 长叶胡颓子 *Elaeagnus bockii*

长叶胡颓子与沙棘、沙枣一样，同属胡颓子科，果实富含糖类和有机酸，不仅可以用来制作果汁、果脯和果酱，还可以用来酿酒。不同于主要分布在北方的沙棘和沙枣，长叶胡颓子在四川、贵州等省份有比较广泛的分布，是春天成熟得最早的一批野果。它的叶片纸质或近革质，窄椭圆形，花白色，簇生成伞形总状花序，果短长圆形，成熟时红色，果柄下垂，花期在10—11月，果期在翌年4月。清水河校区生态区有分布。

2.9 荨麻科

2.9.1 水麻 *Debregeasia orientalis*

水麻是我国南方一种常见的野生纤维植物，通常生活在水边潮湿的地方，所以得名“水麻”。水麻的韧皮部富含纤维，果实味甜可食，叶片可以作为饲料。它的叶片纸质，长圆状披针形，花雌雄异株，花簇生为球状团伞状，瘦果倒卵圆形，成熟时橘黄色，花期在 3—4 月，果期在 5—7 月。清水河校区湿地公园有分布。

2.10 卫矛科

2.10.1 冬青卫矛 *Euonymus japonicus*

冬青卫矛，又名“大叶黄杨”，但它既不是冬青，也不是黄杨，而是卫矛科的一个物种，不过叶片与冬青的类似，而且四季常青。冬青卫矛常被种植为绿篱，有叶片金边或银边的品种。它的小枝具四棱，叶对生，革质，聚伞花序，花白绿色，蒴果近球形，假种皮橘红色，花期在6—7月，果熟期在9—10月。清水河校区宿舍区、沙河校区体育馆南侧有分布。

2.11 千屈菜科

2.11.1 萼距花 *Cuphea hookeriana*

萼距花与紫薇一样，属于千屈菜科，它的花就像是缩小版的紫薇花，但与紫薇并不属于同一个属。开花的时候细细密密的小紫花点缀在绿叶上，有种小清新的感觉。它的植物比较低矮，叶片也很小，薄革质，总状花序，花瓣6枚。清水河校区宿舍区、沙河校区体育馆南侧有分布。

2.12 桃金娘科

2.12.1 溪畔白千层 *Melaleuca bracteata*

溪畔白千层，又名“黄金串钱柳”，是一种优良的彩叶植物。它的叶片四季金黄，形似柳叶，但比柳叶更为细密，与大多数桃金娘科植物一样，它的叶片也含有芳香油，可以作为高档化妆品的原料。它的小枝柔弱下垂，叶互生，革质，穗状花序，花白色，蒴果，花期在 4—6 月，果期从 6 月至翌年 3 月。清水河校区生态区、沙河校区西门东南侧有分布。

2.13 桑寄生科

2.13.1 川桑寄生 *Taxillus sutchuenensis*

川桑寄生是我国南方一种常见的寄生植物，通常寄生于桑树、梨树等植物上。川桑寄生的成熟果实为黄色，以吸引鸟类来取食。种子的表面十分黏稠，常随鸟类排泄物黏在其他树的树干上，然后发芽长成新的植株。在冬天，有些树木的叶子已经落光了，但某些枝干上仍有一丛丛的绿叶，这些绿叶很有可能就是桑寄生。川桑寄生的叶片密被红褐色的星状毛，叶近对生，总状花序，花红色，果实椭圆状，黄绿色，花期在 6—8 月。清水河校区校医院西南侧、硕丰苑四组团两侧有分布。

2.14 紫茉莉科

2.14.1 叶子花 *Bougainvillea spectabilis*

叶子花，又名“三角梅”，是我国南方一种常见的观赏植物。开花时，红色的部分不是花瓣，而是一种叫作苞片的结构，中间一朵一朵小小的才是它的花。叶子花是一种藤状灌木，枝干上有下弯的刺，叶片椭圆形，冬春开花。清水河校区宿舍区、沙河校区教材管理中心有分布。

2.15 绣球花科

2.15.1 绣球 *Hydrangea macrophylla*

绣球，又名“八仙花”，花大而繁盛，色彩丰富，有白色、粉色、红色、蓝色等品种，是一种美丽的庭院植物。绣球的花可分为可孕花和不孕花：不孕花较大，用于吸引昆虫；可孕花很小，能形成果实。由于不孕花的观赏价值更高，绣球的园艺品种开的基本都是不孕花。绣球的叶片倒卵形，伞房状聚伞花序，花密集，花期通常在 6—8 月。清水河校区经管楼中央、宿舍区，沙河校区西门东南侧有分布。

2.16 山茱萸科

2.16.1 小株木 *Cornus quinquenervis*

小株木通常生长在水边湿润的地方，它的花朵洁白素雅，叶片可入药。小株木的叶片对生，纸质，伞房状聚伞花序，核果圆球形，花期在 6—7 月，果期在 10—11 月。清水河校区西湖东岸有分布。

2.17 山茶科

茶花是中国传统十大名花之一，在蜀汉时期已有栽培，目前已经培育出了白色、粉色、红色，甚至金黄色的品种，通常在冬季或者早春开放。茶花其实并不单指一个物种，山茶科的许多物种都可以称为茶花。校园里就种植着山茶、茶梅、单体红山茶、油茶 4 种山茶科的植物。

2.17.1 山茶 *Camellia japonica*

山茶是最常见，也是品种最为丰富的一种茶花，花朵通常为红色或者淡红色。它的嫩枝无毛，叶片革质，椭圆形，单花生于小枝顶端或者叶腋下，蒴果球形，花期从 12 月至翌年 3 月。清水河校区宿舍区、沙河校区西门东南侧有分布。

2.17.2 单体红山茶 *Camellia uraku*

单体红山茶的嫩枝无毛，叶片边缘有略钝的细锯齿，花粉红色或白色，顶生，蒴果宽 3 厘米，果爿厚 3 ~ 4 厘米，花果期从 11 月至翌年 2 月。清水河校区生态区有分布。

2.17.3 茶梅 *Camellia sasanqua*

茶梅有深红色、粉红色和白色的品种，它的嫩枝有毛，区别于山茶和单体红山茶，花果期从 11 月至翌年 3 月。清水河校区五号科研楼南侧、宿舍区有分布。

2.17.4 油茶 *Camellia oleifera*

油茶与油棕、油橄榄、椰子并称世界四大木本油料作物，种子含油量高达 30%，可以用来食用和制作肥皂。油茶的花大而洁白，可供观赏。它的幼枝被粗毛，花顶生，蒴果球形，花期从 10 月至翌年 2 月，果期在翌年 9—10 月。清水河校区品学楼 B 区中央有分布。

2.18 杜鹃花科

杜鹃花科的许多物种都是美丽的园林观赏植物，包括锦绣杜鹃、皋月杜鹃、钝叶杜鹃等。此外，还有许多美丽的高山杜鹃尚未被引种驯化，它们通常生活在海拔 2000～3000 米的高山上，夏季的时候花开满树，蔚为壮观。水果中的蓝莓、蔓越莓和乌饭子也是杜鹃花科的植物。

2.18.1 锦绣杜鹃 *Rhododendron × pulchrum*

杜鹃是中国十大名花之一。相传，古蜀国国王杜宇爱民如子，禅位后隐居山林，死后化为杜鹃鸟（子规），鸣声昼夜不止，极其哀切，仿佛在盼子回归，嘴里咳出的鲜血将花朵染红，后世将这种花称作杜鹃。其实，杜鹃只是在鸣叫的时候会露出鲜红的嘴，并不是真正的咳血，但是杜鹃啼血这种意象一直流传了下来。

林坤 / 摄

杜锦绣杜鹃又名毛鹃、春鹃，是我国南方最常见的杜鹃花之一。它的幼枝密被淡棕色的扁平糙伏毛，叶椭圆形或椭圆披针形，顶生伞形花序有 1～5 朵花，花萼被糙伏毛，花冠漏斗形，蒴果长圆状卵圆形，被糙伏毛，花期在 4—5 月，果期在 9—10 月。清水河校区生态区、沙河校区第二教学楼北侧有分布。

2.19 丝缨花科

2.19.1 花叶青木 *Aucuba japonica* var. *variegata*

花叶青木，又名“洒金桃叶珊瑚”，是青木的花叶变种，叶片上有散布的淡黄色斑点，常作为观赏植物。它的叶片革质，长椭圆形，核果，花期在3—4月，果期从10月至翌年4月。清水河校区图书馆北侧、沙河校区西门东南侧有分布。

2.20 茜草科

2.20.1 六月雪 *Serissa japonica*

六月雪，就如同它的名字一样，通常在 6 月左右开放，花白而繁多，像下雪一样。它的叶片革质，花单生或簇生，淡红色或白色，花期在 5—7 月。清水河校区宿舍区有分布。

2.20.2 栀子 *Gardenia jasminoides*

栀子花纯白素雅，芳香动人，每当校园里飘着栀子花香的时候，就知道毕业季快到了。清水河校区的图书馆前和沙河校区的主楼前都种植了大片的栀子，6 月花开时，便成为白色的海洋。栀子不仅可以观花，还可以观果。它的果实成熟时是鲜艳的橘黄色，提炼后，不仅可以作为民间传统的黄色染料染衣服，还可以用作食用色素。栀子的叶片对生或 3 枚轮生，花朵单生于枝顶，果实有翅状纵棱，花期通常在 3—7 月，果期从 5 月至翌年 2 月。

2.21 茄科

2.21.1 木本曼陀罗 *Brugmansia arborea*

木本曼陀罗的花形似曼陀罗，但是更为巨大，而且下垂，香气十分浓郁，很适合孤植观赏。木本曼陀罗的叶片互生，花单生于叶腋，花冠漏斗状，浆果状蒴果，花期在7—9月，果期在10—12月。清水河校区宿舍区有分布。

2.21.2 鸳鸯茉莉 *Brunfelsia brasiliensis*

鸳鸯茉莉，又名“二色茉莉”，花刚开放的时候是紫色，之后变为淡紫色，最后变为白色，虽不是茉莉，但香似茉莉，很适合作为盆景。鸳鸯茉莉的叶片互生，花单生或为聚伞花序，浆果，花期在4—9月。清水河校区宿舍区有分布。

2.22 木樨科

2.22.1 小蜡 *Ligustrum sinense*

小蜡是一种常见的绿篱植物，晚春时开满细细密密的白色小花，十分芳香。果实可以用来酿酒，树皮和叶片可入药。它的叶片纸质或薄革质，塔形花序，果实近球形，成熟时紫黑色，花期在5—6月，果期在9—12月。清水河校区西湖南侧、沙河校区风华餐厅西侧有分布。

2.22.2 茉莉花 *Jasminum sambac*

宋代杨巽斋的《茉莉花》“脐麝龙涎韵不侔，薰风移植自南州。谁家浴罢临妆女，爱把闲花带满头”就是对茉莉花色极好的形容。江苏民歌《好一朵美丽的茉莉花》将茉莉花的美带向了世界各地。在庆祝万隆会议10周年活动上中国歌舞团演奏了它，在香港回归仪式上中国军乐队演奏的第一首乐曲也是它。

茉莉花的叶片对生，纸质，聚伞花序顶生，花白色，果实球形，花期在5—8月，果期在7—9月。清水河校区宿舍区有分布。

2.22.3 野迎春 *Jasminum mesnyi*

野迎春与迎春花一样，是春天开花较早的植物之一。野迎春开放时通常有叶片，而且花比较大，区别于开花时没有叶片的迎春花。3 月，清水河校区东湖、西湖湖畔，以及沙河校区第三教学楼北侧的池塘边，金灿灿的野迎春尽情开放，向师生们昭示春天的到来。野迎春的枝条下垂，叶对生，一整片叶子由 3 片小叶片组成，花单生于叶腋，花冠漏斗状，果实椭圆形。

刘凯 / 摄

2.23 玄参科

2.23.1 白背枫 *Buddleja asiatica*

白背枫是醉鱼草属的一种植物。相传，如果将醉鱼草的叶子捣碎放入河中，能将鱼麻醉，便于捕捉，不过白背枫似乎并不具备这种功效。白背枫的叶片对生，聚伞花序组成总状花序或者圆锥花序，花朵白色，较小，芳香，蒴果椭圆形，花期在1—10月，果期在3—12月。清水河校区宿舍区有分布。

2.24 马鞭草科

2.24.1 马缨丹 *Lantana camara*

马缨丹，又名“五色梅”，是一种美丽的庭园观赏植物。它的花色多变，初开时为黄色，之后又由橘黄色变为深红色，几乎全年都在开花，其茎上常有倒钩状的刺，叶片卵形，果实球形，紫黑色。清水河校区宿舍区有分布。

2.25 唇形科

唇形科是香料的大户，很多物种的叶片都具有香气，是中西方各式菜肴和化妆品里的常客。常见的有薄荷、紫苏、藿香、罗勒、迷迭香、百里香和薰衣草等。除了用作香料，唇形科中的许多物种，比如夏枯草、益母草、黄芩，以及紫背金盘也有很好的药用价值。唇形科的物种基本都有三大特征——“茎四棱”“叶对生”“有香气”。校园里分布着三花莸、臭牡丹、紫背金盘、墨西哥鼠尾草、灯笼草、细风轮菜、荔枝草、紫苏 8 种唇形科的植物。

2.25.1 三花莸 *Schnabelis terniflora*

三花莸全株可入药。它的茎四棱，叶片卵形，对生，聚伞花序生于叶腋，蒴果，花果期在 6—9 月。清水河校区图书馆北侧有分布。

2.25.2 臭牡丹 *Clerodendrum bungei*

臭牡丹的茎、叶可以入药。臭牡丹的小枝比较圆，有明显的皮孔，叶片宽卵形，伞房状聚伞花序，花朵紫红色，核果蓝紫色，花果期通常在 3—11 月。清水河校区西湖南侧有分布。

2.26 五福花科

2.26.1 绣球荚蒾 *Viburnum keteleeri* 'sterile'

绣球荚蒾，又名“木绣球”，花开时节，绿白色的花团挤满枝头，十分热闹。绣球荚蒾的花非常像绣球，但是只通过一个特征就可以将二者区分开来，那就是绣球的每朵花有 4 个花瓣，而绣球荚蒾的每朵花有 5 个花瓣。绣球荚蒾的花期通常在 4 月，果期在 9—10 月。清水河校区基础实验楼东北侧、学子餐厅西侧有分布。

2.26.2 日本珊瑚树 *Viburnum awabuki*

日本珊瑚树是珊瑚树的一个变种，与绣球荚蒾同属荚蒾属。它的树叶四季常青，有光泽，对有毒气体有很强的耐性和吸收能力，非常适合作为绿篱种植。日本珊瑚树的叶片倒卵状矩圆形，圆锥花序，核果成熟时为鲜红色，花期在5—6月，果期在9—10月。清水河校区游泳馆西侧、成电会堂西北侧有分布。

2.27 海桐科

2.27.1 海桐 *Pittosporum tobira*

海桐是一种良好的绿篱植物，它的花朵非常芬芳，香气如茉莉花一般，是甜甜的茶香味。果实成熟后开裂，露出里面红色的种子，十分好看。海桐的叶片聚生在枝顶，革质，伞形或伞房花序生于枝顶，蒴果球形，花期在3—5月，果期在9—11月。清水河校区宿舍区、沙河校区西门东南侧有分布。

2.28 五加科

五加科的许多物种都具有球状的伞形花序，十分规整，这也是该科主要的识别特征之一。人参、三七、楤木、常青藤等就具有这种特征。校园里分布着八角金盘、鹅掌藤、天胡荽、野天胡荽 4 种五加科植物。

2.28.1 八角金盘 *Fatsia japonica*

八角金盘因其叶片大多有 8 个角而得名，不过它叶片裂片的数目其实有很大的变异，在同一株上甚至能找到 3 个、4 个、5 个、6 个、7 个，甚至 9 个、10 个角的叶片。八角金盘的叶片革质，伞形花序聚集成圆锥花序，顶生，花瓣黄白色，果实近球形，黑色，花期在 10—11 月，果期在翌年 4 月。清水河校区西湖西侧、立人楼北侧，沙河校区第一教学楼西侧有分布。

2.28.2 鹅掌藤 *Heptapleurum arboricola*

鹅掌藤可入药。它的叶片倒卵状长圆形，伞形花序，花白色，果实近球形，橙黄色，花期在 7—10 月，果期在 9—11 月。清水河校区宿舍区有分布。

2.29 棕榈科

2.29.1 棕竹 *Rhapis excelsa*

棕竹是南方一种常见的园林绿化树种，其叶片形似棕榈，茎类似竹子，故名棕竹。棕竹的茎圆柱形，有节，叶掌状，4 ～ 10 深裂，叶鞘具马尾状的网状纤维，肉穗花序具 2 ～ 3 分枝花序，佛焰苞管状，花单性，雌雄异株，浆果球形，花期在 6—7 月。清水河校区宿舍区有分布。

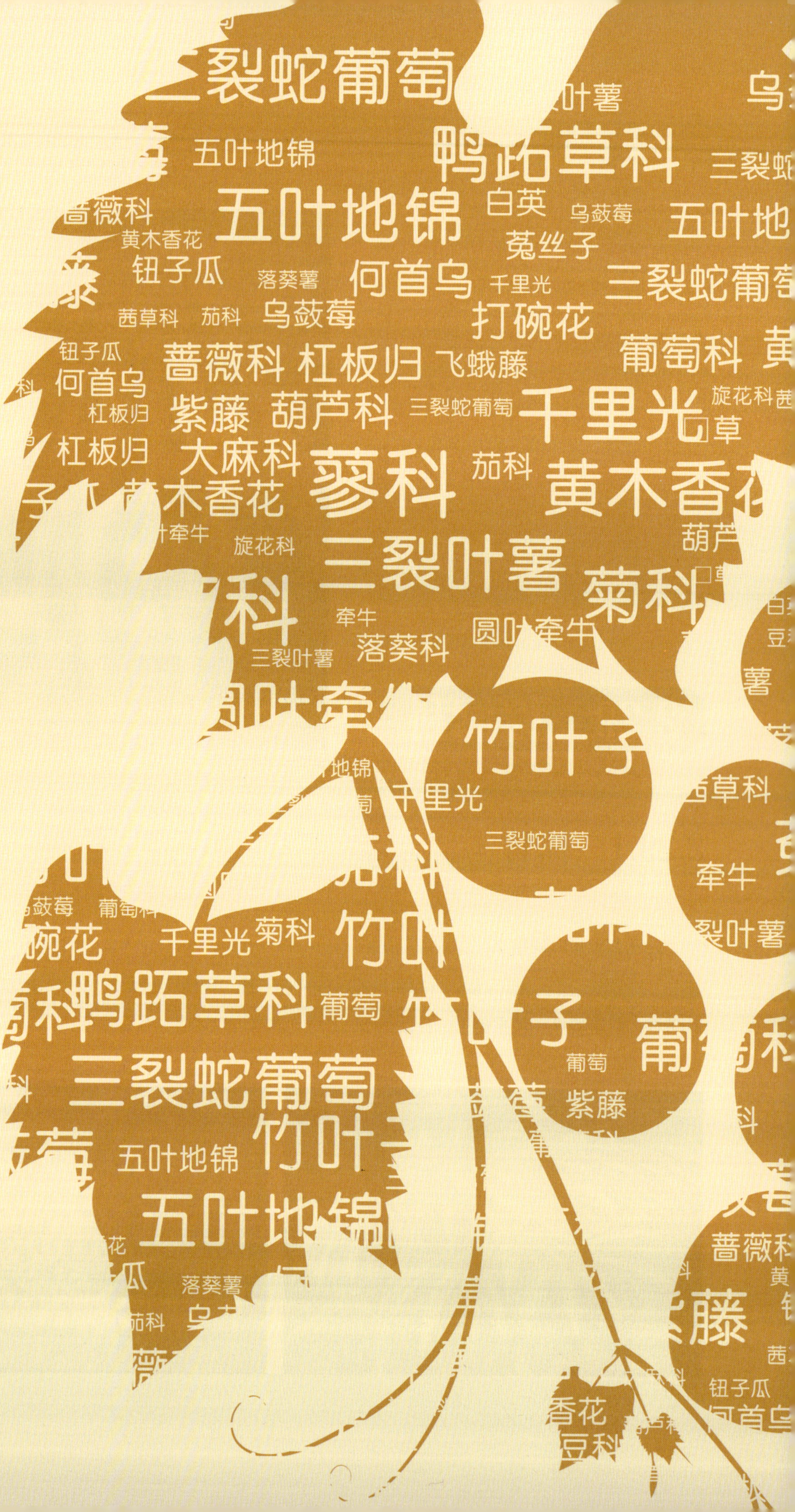
三裂蛇葡萄
鸭跖草科
五叶地锦
白英
乌蔹莓
蔷薇科
黄木香花
菟丝子
钮子瓜
落葵薯
何首乌
千里光
三裂蛇葡萄
茜草科
茄科
乌蔹莓
打碗花
钮子瓜
蔷薇科
杠板归
飞蛾藤
葡萄科
何首乌
杠板归
紫藤
葫芦科
三裂蛇葡萄
千里光
旋花科
杠板归
大麻科
蓼科
茄科
黄木香花
旋花科
三裂叶薯
菊科
牵牛
落葵科
圆叶牵牛
三裂叶薯
竹叶子
千里光
三裂蛇葡萄
牵牛
千里光
菊科
鸭跖草科
葡萄
三裂蛇葡萄
五叶地锦
五叶地锦
葡萄
紫藤
落葵薯
蔷薇科
紫藤
钮子瓜

3 藤本

③藤本

- 葡萄科
  - 葡萄
  - 三裂蛇葡萄
  - 乌蔹莓
  - 五叶地锦
- 豆科
  - 紫藤
  - 救荒野豌豆
- 蔷薇科
  - 木香花
- 大麻科
  - 葎草
- 葫芦科
  - 纽子瓜
- 蓼科
  - 扛板归
  - 何首乌
- 落葵科
  - 落葵薯
- 茜草科
  - 茜草
- 旋花科
  - 旋花
  - 牵牛
  - 圆叶牵牛
  - 三裂叶薯
  - 飞蛾藤
  - 菟丝子
- 茄科
  - 白英
- 菊科
  - 千里光
- 鸭跖草科
  - 竹叶子

3.1 葡萄科

葡萄科的物种大多为藤本植物，包括我们熟知的葡萄和地锦（爬山虎）等，它们的花虽然很不起眼，但果实却十分好看。校园里分布着葡萄、三裂蛇葡萄、乌蔹莓、五叶地锦4种葡萄科的物种。

3.1.1 葡萄 *Vitis vinifera*

“葡萄美酒夜光杯，欲饮琵琶马上催。”一说起葡萄人们就会想起它酸甜的果实。张骞出使西域后，将葡萄、胡麻（芝麻）、胡瓜（黄瓜）、胡桃（核桃）、胡豆（蚕豆）、胡荽（香菜）、胡萝卜、大蒜、苜蓿、石榴等带回中原，让葡萄有机会成为我们日常的水果之一。葡萄为木质藤本，卷须二叉分枝，圆锥花序，花期在4—5月，果期在8—9月。清水河校区宿舍区有分布。

3.1.2 三裂蛇葡萄 *Ampelopsis delavayana*

三裂蛇葡萄不属于葡萄属，而属于蛇葡萄属，果实不能够食用。它的果实颜色多变，先由淡绿色变为粉紫色，之后变为深蓝紫色，好看又有趣。三裂蛇葡萄是一种木质藤本，叶片有 3 个小叶，卷须 2～3 叉分枝，果实近球形，花期在 6—8 月，果期在 9—11 月。清水河校区湿地公园有分布。

3.1.3 乌蔹莓 *Cayratia japonica*

乌蔹莓因其果实紫黑色而得名，全草可入药。乌蔹莓是一种草质藤本，叶片有 5 个小叶，卷须 2 ~ 3 叉分支，复二歧聚伞花序，果实近球形，花期在 3—8 月，果期 8—11 月。清水河校区湿地公园有分布。

3.1.4 五叶地锦 *Parthenocissus quinquefolia*

五叶地锦，又名“五叶爬山虎”，秋天叶片会变成美丽的鲜红色，是除地锦（爬山虎）和三叶地锦（三叶爬山虎）外的常见爬山虎之一，与其他爬山虎的主要区别是其每枚叶片由 5 片小叶构成。五叶地锦是一种木质藤本，卷须总状分枝，末端扩大为吸盘，圆锥状多歧聚伞花序，果实球形，花期在 6—7 月。果期在 8—10 月。清水河校区图书馆西侧有种植。

3.2 豆科

3.2.1 紫藤 *Wisteria sinensis*

紫藤是一种非常美丽的藤本植物，开花时，如成千上万只紫色的蝴蝶落满枝头，我国许多古典园林里都有种植。紫藤的茎左旋，羽状复叶，总状花序，荚果线状倒披针形，花期在 4—5 月，果期在 5—8 月。清水河校区宿舍区、沙河校区第三教学楼北侧有分布。

3.2.2 救荒野豌豆 *Vicia sativa*

救荒野豌豆，又名“大巢菜”，是一种优良的牧草，全草可入药。它的种子有毒，不能食用。救荒野豌豆的羽状复叶偶数，卷须 2～3 叉分支，花单生于叶腋，紫红色，花期在 4—7 月，果期在 7—9 月。各校区草地上可见。

3.3 蔷薇科

林坤 / 摄

3.3.1 木香花 *Rosa banksiae*

木香花，又名“七里香”，是著名的观赏植物。春天白色的花朵开满枝头，一团团，一簇簇，好不热闹。木香花的每枚叶片有 3 ～ 5 枚小叶片，伞形花序，花芳香，花期在 4—5 月。不管是在清水河校区的西湖湖畔，还是在沙河校区的宿舍花园，都有它的身影。

黄木香花是木香花的一个变型，它的花朵是鲜艳的金黄色，虽然没有了木香花的香气，但也是同样美丽。清水河校区布蕾德西点屋旁、沙河校区宿舍区有分布。

3.4 大麻科

3.4.1 葎草 *Humulus scandens*

葎草是荒地或水沟边常见的藤本植物，茎上有用于帮助攀爬的倒钩刺。葎草属有一个大名鼎鼎的物种“啤酒花”，它的果穗是制作啤酒不可或缺的原料，不仅是啤酒独特香气和苦味的来源，还能延长啤酒的储存时间，可以说是啤酒的灵魂所在。葎草的果穗闻起来和啤酒花一样，也有一种清爽的香甜气息。葎草的叶片纸质，掌状深裂，雄花黄绿色，很小，雌花序有白色绒毛，花期在 4—6 月，果期在 8—10 月。各校区草地均可见。

3.5 葫芦科

葫芦科的物种几乎都是藤本植物，我们平时食用的瓜果蔬菜有很大一部分来自葫芦科，比如西瓜、甜瓜、南瓜、冬瓜、黄瓜、丝瓜、苦瓜、佛手瓜、葫芦等。除了可供食用，葫芦科也有入药的物种，比如罗汉果和绞股蓝等。校园里常见的葫芦科植物只有纽子瓜。

3.5.1 纽子瓜 *Zehneria bodinieri*

纽子瓜因果实像纽扣一般大而得名。它是一种草质藤本，茎枝十分细弱，叶片膜质，雌雄同株，雄花为伞房状花序或近头状花序，雌花单生，浆果球形，花期在4—8月，果期在8—11月。各校区草地均可见。

3.6 蓼科

3.6.1 扛板归 *Polygonum perfoliatum*

扛板归，又名“蛇不过”，它的茎、叶上长有倒刺，果实成熟时由粉紫色变为鲜艳的靛蓝色，非常漂亮。扛板归的叶片三角形，花序短穗状，花被片最初为白绿色，果期变为深蓝色，瘦果球形，黑色，包裹在蓝色的花被片里，花期在 6—8 月，果期在 7—10 月。各校区草地、水边可见。

3.6.2 何首乌 *Fallopia multiflora*

何首乌是一种传统的中草药。何首乌的叶片卵形，圆锥花序，花白色或淡绿色，瘦果具三棱，花期在 8—9 月，果期在 9—10 月。各校区灌木丛中可见。

3.7 落葵科

落葵科中的落葵就是蔬菜中的木耳菜，口感十分细滑。这一科的物种都是藤本植物，国内仅有3个物种，校园内只有落葵薯这一物种。

3.7.1 落葵薯 *Anredera cordifolia*

落葵薯，又名“藤三七”，叶腋处长有一种叫作珠芽的无性繁殖结构，很少结实，主要靠珠芽来繁殖。落葵薯的根茎粗壮，叶片卵形，总状花序，花白色，花期在6—10月。清水河校区宿舍区有分布。

3.8 茜草科

茜草科的许多物种都有很高的观赏价值，叶片通常对生，包括栀子花、五星花、玉叶金花、龙船花等。此外，茜草科的咖啡是世界三大饮料之一，金鸡纳树更是抗疟药物奎宁的主要来源。校园内分布着茜草、栀子、六月雪3种茜草科植物。

3.8.1 茜草 *Rubia cordifolia*

茜草通常4片叶子轮生，茎上有用于攀爬的倒刺，与它同属的染色茜草的根是优质的天然红色染料，染出的衣服被称作“茜衫”。茜草是一种草质攀缘藤木，叶片纸质，聚伞花序，花淡黄色，果实球形，橘黄色，花期在8—9月，果期10—11月。各校区草地上均可见。

3.9 旋花科

旋花科植物的花都是旋转对称的，花蕾大多旋转折叠或镊合状排列，所以得名旋花科。除常见的牵牛和菟丝子是旋花科的物种外，番薯（红薯）和蕹菜（空心菜）也属于旋花科。校园内分布着旋花、牵牛、圆叶牵牛、三裂叶薯、飞蛾藤、菟丝子和马蹄金7种旋花科植物。

3.9.1 旋花 *Calystegia hederacea*

旋花是全国各地路边常见的野花，粉红色的喇叭状花十分醒目。它的花单生于叶腋，花冠漏斗状，粉红色，蒴果卵圆形，花期在5—7月，果期在7—8月。各校区草地上可见。

3.9.2 牵牛 *Ipomoea nil*

牵牛，又名“喇叭花”，清晨花开为蓝色，傍晚凋谢后为红色。宋代杨万里曾形容它：“素罗笠顶碧罗檐，晚卸蓝裳著茜衫。望见竹篱心独喜，翩然飞上翠琼篸。”牵牛的叶片有3个裂片，花序生于叶腋，蒴果近球形，种子可入药，花期在6—9月，果期在9—10月。各校区草地可见。

3.9.3 圆叶牵牛 *Ipomoea purpurea*

圆叶牵牛与牵牛一样，都是美丽的观赏植物，不过圆叶牵牛的叶片没有裂片，区别于牵牛。圆叶牵牛的叶心形或宽卵状心形，花腋生，单花或伞形聚伞花序，蒴果近球形，种子卵状三棱形，花期在5—10月，果期在8—11月。各校区草地可见。

3.9.4 三裂叶薯 *Ipomoea triloba*

三裂叶薯的叶片虽然形似牵牛，但是它的花很小，不及牵牛的美丽。它的花序为聚伞花序，蒴果近球形，花期在5—10月，果期在8—11月。各校区草地可见。

3.9.5 飞蛾藤 *Dinetus racemosus*

飞蛾藤因果实像飞蛾而得名，全草可入药，叶片心形，花白色，蒴果卵圆形，花果期在9—11月。各校区草地上可见。

3.9.6 菟丝子 *Cuscuta chinensis*

菟丝子，又名“豆寄生”，全身没有叶绿素，属于全寄生植物，所有养分来源于寄主植物。菟丝子特别喜欢寄生在豆科、菊科等植物上，这会造成大豆减产。国内常见的还有粗壮的南方菟丝子和花香香甜味的金灯藤。菟丝子茎黄色，较纤细，伞团状聚伞花序，花白色，蒴果球形，花果期在7—10月。各校区草地上可见。

3.10 茄科

3.10.1 白英 *Solanum lyratum*

白英的花淡紫色，果实成熟时为鲜红色，十分好看。白英是一种草质藤本，茎、小枝、叶片均有白色柔毛，叶片椭圆形，圆锥花序，浆果球形，花期在6—10月，果期在10—11月。各校区草地、水边可见。

3.11 菊科

3.11.1 千里光 *Senecio scandens*

千里光是菊科一种美丽的野生植物，花期长达半年，开花时如金光般灿烂，绵延千里，所以得名千里光。千里光的叶片卵状披针形，复聚伞圆锥花序，舌状花黄色，瘦果圆柱形，花期从 8 月至翌年 4 月。 每年秋天，清水河校区湿地公园的水边会开满千里光，非常的热闹。

3.12 鸭跖草科

3.12.1 竹叶子 *Streptolirion volubile*

竹叶子虽然名字带竹叶，但其实是鸭跖草科的物种。它的花洁白素雅，花丝纤细金黄，十分纯洁美丽。竹叶子的叶片心状卵圆形，蝎尾状聚伞花序聚集成圆锥花序，蒴果椭圆状三棱形，花期在 7—8 月，果期在 9—10 月。清水河校区湿地公园、沙河校区党委保卫处西侧有分布。

石蒜科
竹芋科
香附子
金脉美人蕉
酢浆草科
芦苇
五节芒
芒
刺儿菜
蛇莓
金竹
蛇莓
五加科
蛇莓
大蝎子草
菖蒲科
红花酢
箬竹
菊科
雾水葛
天南星科
金钱蒲
狐
柯孟披碱草
草地早熟禾
翅果菊
菊科
小窃衣
箬竹
麦冬
积雪草
蔷薇科
鸭跖草科
蒲公英
刺儿菜
胡荽
小窃衣
早开堇菜
犁头草
野天胡荽
葱莲
天门冬科
白车轴草
风车草
菊科
竹芋科
石蒜科

4 草本·多年生

④草本·多年生

- 地钱科
  - 地钱
- 葫芦藓科
  - 葫芦藓
- 羽藓科
  - 细叶小羽藓
- 铁角蕨科
  - 北京铁角蕨
- 木贼科
  - 木贼
  - 笔管草
  - 问荆
- 肾蕨科
  - 肾蕨
- 碗蕨科
  - 细毛碗蕨
- 卷柏科
  - 伏地卷柏
- 瓶尔小草科
  - 瓶尔小草
- 水龙骨科
- 凤尾蕨科
- 金星蕨科
  - 渐尖毛蕨
  - 齿牙毛蕨
- 睡莲科
  - 红睡莲
- 三白草科
  - 蕺菜
- 毛茛科
  - 扬子毛茛
  - 打破碗花花
- 莲科
  - 莲
- 景天科
  - 垂盆草
- 小二仙草科
  - 狐尾藻
- 豆科
  - 白车轴草
- 蔷薇科
  - 蛇莓
- 荨麻科
- 酢浆草科
  - 酢浆草
  - 红花酢浆草
- 堇菜科
- 牻牛儿苗科
  - 天竺葵
- 千屈菜科
  - 千屈菜
- 柳叶菜科
- 蓼科
- 石竹科
  - 鹅肠菜
- 苋科
- 商陆科
  - 垂序商陆
- 紫茉莉科
  - 紫茉莉
- 报春花科
  - 延叶珍珠菜
- 旋花科
  - 马蹄金
- 茄科
  - 单花红丝线
- 车前科
  - 车前
  - 大车前
  - 水苦荬
- 马鞭草科
  - 马鞭草
  - 细叶美女樱
- 唇形科
- 桔梗科
  - 半边莲
- 菊科
- 五加科
- 伞形科
- 菖蒲科
  - 金钱蒲
- 天南星科
- 泽泻科
  - 皇冠草
- 水鳖科
  - 黑藻
- 兰科
  - 绶草
- 仙茅科
  - 大叶仙茅
- 鸢尾科
  - 鸢尾
  - 黄菖蒲
  - 蝴蝶花
- 阿福花科
  - 萱草
- 石蒜科
  - 葱莲
- 天门冬科
  - 紫玉簪
  - 麦冬
  - 山麦冬
  - 吊兰
  - 斑点蜘蛛抱蛋
- 鸭跖草科
  - 白花紫露草
- 雨久花科
  - 凤眼莲
- 芭蕉科
  - 芭蕉
- 美人蕉科
  - 花叶金脉美人蕉
  - 兰花美人蕉
  - 大花美人蕉
- 竹芋科
  - 再力花
- 香蒲科
  - 水烛
- 莎草科
- 禾本科

有柄石韦
槲蕨
江南星蕨

井栏边草
蜈蚣凤尾蕨

大蝎子草
序叶苎麻
雾水葛
毛花点草

戟叶堇菜
犁头草

柳叶菜
长籽柳叶菜
山桃草

蚕茧草
巴天酸模
金荞麦

喜旱莲子草
土荆芥

野菊
苣荬菜
变色苦荬菜
蒲公英
五月艾
翅果菊
刺儿菜
黄金菊
马兰

墨西哥鼠尾草
灯笼草
细风轮菜

天胡荽
野天胡荽

水芹
小窃衣
积雪草

马蹄莲
海芋
魔芋
春羽
浮萍

香附子
砖子苗
风车草
水葱
短叶水蜈蚣
垂穗薹草

黑麦草
草地早熟禾
棕叶狗尾草
结缕草
狗牙根
矛叶荩草
毛花雀稗
鹅观草
芦竹
芦苇
蒲苇
芒
荻
五节芒
斑茅
金竹
箬竹

苔藓植物是一类与蕨类和种子植物（裸子植物、被子植物）并列的类群，其结构较为简单，几乎没有根茎叶的分化，有的只是假根、假茎和叶状体。由于几乎没有维管组织，所以它们的植株不仅十分低矮，输水和保水能力还很差，通常只能在潮湿的地方生长。与蕨类植物一样，苔藓也通过孢子进行繁殖，但苔藓形成孢子的器官是孢蒴，而不是孢子囊。校园内分布着地钱、葫芦藓、细叶小羽藓3种苔藓植物。

4.1 地钱科

4.1.1 地钱 *Marchantia polymorpha*

地钱属于苔纲植物，在全国各地都十分常见，雌雄异株，雌托裂成指状，雄托盘状。叶状体上雄托的精子器成熟后，精子以水为媒介游到雌托的颈卵器中，精卵结合形成合子，合子再发育为孢子体，形成孢蒴，产生孢子。孢子萌发成原丝体，进而发育为配子体，也就是新一代的叶状体，开启一轮新的循环。除了进行有性生殖，地钱还通过叶状体上的胞芽杯，也就是小小的圆形杯状结构进行无性生殖，胞芽杯里形成的胞芽能直接发育为叶状体。各校区湿润草地上可见。

4.2 葫芦藓科

4.2.1 葫芦藓 *Funaria hygrometrica*

葫芦藓属于藓纲植物，因蒴帽，即弯梨形孢蒴上的那层膜质结构形似葫芦瓢而得名。它的叶状体很小，由一层长方形的叶细胞构成，簇生于茎顶，雌雄同株，雄苞花蕾状；孢蒴具明显台部，蒴齿两层，蒴帽具长喙。各校区湿润草地上可见。

4.3 羽藓科

4.3.1 细叶小羽藓 *Haplocladium microphyllum*

细叶小羽藓的植株十分纤细，匍匐茎具 1 ～ 2 回羽状分枝，叶状体卵形，叶细胞长方形或不规则六角形；孢蒴长椭圆形，橘黄色，水平排列。各校区湿润草地上可见。

蕨类植物与能产生种子的裸子植物和被子植物有很大的不同，它通过孢子进行繁殖。孢子在孢子囊中形成，而孢子囊又组成孢子囊群。孢子囊群的形状、颜色、着生位置和排列方式是鉴别蕨类植物的主要依据之一。蕨类植物的孢子萌发成丝状体，进而发育成配子体（原叶体），配子体上精子器和颈卵器分别产生精子和卵细胞，结合后发育为孢子体，孢子体再产生孢子，开始一个新的循环。校园内分布着木贼、瓶尔小草等 10 多种蕨类植物。

4.4 铁角蕨科

4.4.1 北京铁角蕨

Asplenium pekinense

北京铁角蕨是我国常见的一种蕨类植物，喜欢生活在岩石上。北京铁角蕨的叶片簇生，2～3回羽裂，孢子囊群近椭圆形，位于叶片小羽片中部。各校区岩石上有分布。

4.5 木贼科

4.5.1 木贼 *Equisetum hyemale*

木贼是一种长相奇特的蕨类植物，像笔管一样，高度可达 1 米，主枝很少分枝，叶片很小，形如鳞片，在节上合生为筒状的叶鞘。各校区草地上可见。

4.5.2 笔管草 *Equisetum ramosissimum* subsp. *debile*

笔管草是节节草的一个亚种，与木贼十分接近，但成熟主枝上有分枝，与节节草模式亚种的主要区别在于主枝较粗，且幼枝的轮生分枝不明显。各校区草地上可见。

4.5.3 问荆 *Equisetum arvense*

问荆与木贼的主要区别在于主枝常有规则的轮生分枝，且明显更为细弱。问荆营养枝的轮生分枝向上指，侧枝多且柔弱。各校区草地上可见。

4.6 肾蕨科

4.6.1 肾蕨 *Nephrolepis cordifolia*

肾蕨因孢子囊群为肾形而得名，是一种普遍栽培的蕨类观赏植物，可以通过块茎进行无性生殖。肾蕨的叶片簇生，一回羽状裂叶，孢子囊群在叶片主脉两侧排成行。清水河校区生态区、图书馆北侧有分布。

4.7 碗蕨科

4.7.1 细毛碗蕨 *Dennstaedtia hirsuta*

细毛碗蕨的嫩叶密被灰色长毛，老时脱落。叶片为2回羽状，孢子囊群圆形，囊群盖浅碗形，具毛。各校区湿润草地上可见。

4.8 卷柏科

4.8.1 伏地卷柏 *Selaginella nipponica*

伏地卷柏通常匍匐生长，叶片小，草质，交互排列，边缘有细齿；孢子叶穗疏松，生于小枝末端，大小孢子均为橘黄色。各校区湿润草地上可见。

4.9 瓶尔小草科

4.9.1 瓶尔小草 *Ophioglossum vulgatum*

瓶尔小草，又名“一支枪”，叶片通常单生，可入药。它的孢子叶从营养叶基部长出，远长于营养叶。各校区草地上可见。

4.10 水龙骨科

4.10.1 有柄石韦 *Pyrrosia petiolosa*

有柄石韦通常附生于岩石上，不育叶片椭圆形，能育叶片长卵形或长圆状披针形，全缘，叶上有洼点，叶下密被红棕色的星状毛。清水河校区图书馆北侧有分布。

4.10.2 槲蕨 *Drynaria roosii*

槲蕨喜欢附生在树干或者岩石上，叶形十分奇特，位于基部的不育叶很小，色如枯叶，长长的可育叶羽状深裂；孢子囊群圆形或椭圆形，在侧脉之间排成一行。清水河校区西湖北侧有分布。

4.10.3 江南星蕨 *Lepisorus fortunei*

江南星蕨喜欢附生在林下的树干、岩石上，可入药。它的叶片为线状披针形，有光泽；孢子囊群为圆形，棕黄色，沿主脉排列为整齐的一行。清水河校区西湖北侧有分布。

4.11 凤尾蕨科

4.11.1 井栏边草

Pteris multifida

井栏边草因喜欢生活在井边或者栏杆旁而得名，全草可入药。它的叶片无毛，一回羽状裂叶，羽片线形。各校区灌丛、石缝中可见。

4.11.2 蜈蚣凤尾蕨

Pteris vittata

蜈蚣凤尾蕨，又名“蜈蚣草”，是一种常见的蕨类植物，喜欢生长在石灰岩或钙质土上。它的叶片为奇数一回羽状裂叶，孢子囊群线形，生于羽片边缘。各校区草地、岩石上可见。

4.12 金星蕨科

4.12.1 渐尖毛蕨 *Cyclosorus acuminatus*

渐尖毛蕨叶片上被有糙毛，小裂片顶端逐渐变尖，叶为 2 回羽裂；孢子囊群圆形，生于侧脉中部，囊群盖棕色。各校区草地上可见。

4.12.2 齿牙毛蕨 *Cyclosorus dentatus*

齿牙毛蕨与渐尖毛蕨十分相似，但其叶片基部的小裂片十分圆钝，像人的牙齿一样。各校区草地上可见。

4.13 睡莲科

睡莲科是开花植物中最早出现的类群之一，比常见的菊科、禾本科植物更为古老。睡莲科植物的花都十分好看，有很好的观赏价值。除品种繁多的睡莲外，睡莲科还有叶片巨大的王莲和可供食用的芡实等物种。

4.13.1 红睡莲 *Nymphaea alba* var. *rubra*

红睡莲是一种美丽的水生观赏植物，花朵粉红或玫瑰红色，傍晚会逐渐闭合，白天重新开放，仿佛睡了一觉。红睡莲叶片革质，近圆形，两面无毛，叶柄盾状着生，花浮于水面，萼片 4，披针形，花瓣 20 ～ 25 枚，具 20 ～ 25 个柱头，叶有辐射线，椭圆形或卵状椭圆形，浆果卵形或近球形，种子椭圆形。花期在 6—8 月，果期在 8—10 月。清水河校区东湖北侧有分布。

4.14 三白草科

4.14.1 蕺菜 *Houttuynia cordata*

蕺菜，又名“折耳根”“鱼腥草”，是我国西南地区常见的蔬菜和调味料，也是川渝火锅菜品中的常客。它有一种类似鱼腥的奇特气味，让喜爱者欲罢不能，让不爱者敬而远之。与叶子花一样，蕺菜开花时白色的部分是苞片，而不是花瓣，中间黄色的一朵朵才是小花。蕺菜的根状茎白色，叶片薄纸质，穗状花序，蒴果近球形，花期在4—8月，果期在6—10月。清水河校区图书馆北侧、沙河校区宿舍区有分布。

4.15 毛茛科

毛茛科物种大多有毒，这意味着它们拥有丰富的化学成分，是中医药重要的原料来源。黄连、附子、乌头、驴蹄草、白头翁等就属于毛茛科。除了可供药用，毛茛科更是观赏植物的大户，拥有翠雀、飞燕草、耧斗菜、金莲花、银莲花、花毛茛、唐松草，以及藤本皇后铁线莲等著名观赏植物。毛茛科物种的花基本都是辐射对称、雌蕊离生的。校园里分布着扬子毛茛和打破碗花花两种毛茛科植物。

4.15.1 扬子毛茛 *Ranunculus sieboldii*

扬子毛茛名中的扬子意为“长江”，指的是这一物种多分布在长江流域。扬子毛茛可入药。它的花瓣有 5 枚，黄色，有光泽，叶片为三出复叶，瘦果扁，斜倒卵圆形，具边，花果期在 5—10 月。各校区草地上可见。

4.15.2 打破碗花花 *Anemone hupehensis*

打破碗花花是我国南方秋天一种美丽的野花，粉紫色的萼片大而鲜艳，金黄的雄蕊和白绿的雌蕊位于中央，姿色不亚于虞美人。它的果实成熟后像棉花一样，所以又称为“山棉花”。打破碗花花可以作为土农药，用来防治稻螟和棉蚜。它的叶片由 3 片小叶组成，聚伞花序，只有萼片，没有花瓣，花托球形，瘦果，花期在 7—10 月，果期在 10—12 月。清水河校区西湖湖心岛有分布。

4.16 莲科

4.16.1 莲 *Nelumbo nucifera*

莲，又名“菡萏”“出水芙蓉”，自古以来深受高洁之士喜爱。杨万里有“接天莲叶无穷碧，映日荷花别样红”，周邦彦有“水面清圆，一一风荷举”，周敦颐更是写下了《爱莲说》来歌颂它坚贞的品格。

莲在我国有悠久的栽培历史，早在7000年前的新石器时期就已经开始种植。不仅莲花可供观赏，莲子、莲藕可以食用，而且莲叶可以煲粥，藕节也能入药，可以说莲浑身都是宝。

莲属于莲科，而不是睡莲科。它的花朵中央有一个倒圆锥形的花托，或者称为“莲房”，睡莲则没有这种结构。在经历了第四纪冰川后，莲科在全世界只剩下两个物种：一种是美洲的黄莲花，另一种便是莲。莲的根茎肥厚，叶盾状圆形，伸出水面，花单生于花亭顶端，坚果黑褐色，花期在 6—9 月，果期在 8—10 月。每年毕业季，清水河校区西湖北侧的荷花池便开满了粉红色的莲花，非常适合拍毕业照。

4.17 景天科

景天科是多肉植物的主要来源，它们的叶片大多是肉肉的，用来保水和抗寒，主要分布在我国西南部、非洲、墨西哥等区域。红景天、长寿花、落地生根（不死鸟）、瓦松、石莲、八宝、青锁龙等都是景天科的物种。景天科植物有一种独特的代谢方式，叫作景天科酸代谢（crassulacean acid metabolism，简称 CAM）。它们的气孔通常在晚上开放，吸收并固定 CO_2，形成苹果酸为主的有机酸，白天气孔关闭，将苹果酸释放的 CO_2 还原为糖，这种代谢方式在很多干旱地区的植物中都能找到。校园内分布着垂盆草和繁缕景天 2 种景天科植物。

4.17.1 垂盆草

Sedum sarmentosum

垂盆草的茎十分细弱，会从岩石垂到地面上，因此而得名，全草可入药。它的叶片 3 片轮生，聚伞花序，花瓣金黄色，花期在 5—7 月，果期在 8 月。清水河校区图书馆北侧有分布。

4.18 小二仙草科

4.18.1 狐尾藻

Myriophyllum verticillatum

狐尾藻是我国南方河流、水塘里常见的水生植物，可以用作观赏，也可以作为养猪、养鸭的饲料。其叶片常 4 片轮生，细细密密，像狐狸尾巴一样毛茸茸的；花单性，雌雄同株或杂性，单生于水上叶腋内，苞片篦齿状分裂，雄蕊 8 枚；果宽卵形。花期在 5—7 月，果期在 7—8 月。清水河校区湿地公园有分布。

4.19 豆科

4.19.1 白车轴草

Trifolium repens

白车轴草，又名“白三叶草”，蛋白质和矿物质含量十分丰富，是一种优质的牧草，也可以作为绿肥或者地被。它的叶片中间有一圈白色的条纹，花序球形，花白色或淡红色，荚果长圆形，花果期在 5—10 月。清水河校区湿地公园东侧、宿舍区，沙河校区主楼北侧有分布。

4.20 蔷薇科

4.20.1 蛇莓 *Duchesnea indica*

蛇莓像草莓一样匍匐生长，果实红艳，花黄色，全草可入药。它的叶片由 3 片小叶组成，花单生于叶腋，花托球形，瘦果卵圆，花期在 6—8 月，果期在 8—10 月。各校区草地可见。

4.21 荨麻科

荨麻科的许多物种都是重要的纤维植物，比如苎麻、水麻、紫麻、荨麻、艾麻、锥头麻、蝎子草等。不过荨麻科最出名的还是它们身上的刺毛，比如荨麻、蝎子草上的刺毛扎到皮肤后就会引起红肿，又痒又疼。校园内分布着水麻、序叶苎麻、大蝎子草、毛花点草、雾水葛、山冷水花、粗齿冷水花、矮冷水花、小叶冷水花 9 种荨麻科的植物。

4.21.1 大蝎子草 *Girardinia diversifolia*

大蝎子草叶片像蝎子一样，浑身都长有刺，一副不好惹的样子。它的花雌雄异株或同株，生于叶腋，雌花序位于茎上部，雄花序位于茎下部，总状或近圆锥状，瘦果，花期在 9—10 月，果期在 10—11 月。清水河校区体育场西侧有分布。

4.21.2 序叶苎麻 *Boehmeria clidemioides* var. *diffusa*

序叶苎麻全草可入药。它是白面苎麻的一个变种，叶片互生，分枝较多，常雌雄异株，穗状花序单生于叶腋，花期在 6—8 月。清水河校区荷花池西侧有分布。

4.21.3 雾水葛

Pouzolzia zeylanica

雾水葛的叶片对生，花两性，团伞花序，瘦果，花果期在 6—11 月。各校区草地可见。

4.21.4 毛花点草 *Nanocnide lobata*

毛花点草可入药。它的茎比较细弱，叶片宽卵形或角状卵形，雌雄异花，雌花序由数朵组成，瘦果卵圆形，团聚伞花序，花期在 4—6 月，果期在 6—8 月。各校区林下或水边草地可见。

4.22 酢浆草科

4.22.1 酢浆草 *Oxalis corniculata*

酢浆草，又名“酸味草”，茎叶含有较多草酸，可以用来擦拭铜器，全草可入药。果实成熟的时候轻轻一碰，里面的种子就会弹出。它的叶片由 3 片倒心形的小叶组成，花朵单生或数朵组成伞形花序，花瓣黄色，雄蕊基部合生，蒴果长圆柱形，花果期在 2—9 月。各校区草地上可见。

4.22.2 红花酢浆草 *Oxalis corymbosa*

红花酢浆草原产南美洲，作为观赏植物引入国内，通常通过鳞茎繁殖，全草可入药。它的叶片也有 3 片小叶，二歧聚伞花序，花紫红色，且较酢浆草的大，且更为美丽，花果期在 3—12 月。清水河校区商业街东侧有分布。

4.23 堇菜科

我国的堇菜科植物大都集中在堇菜属。这一属的植物都是草本植物，有着各色美丽的花，是草地上一道亮丽的风景，其中的三色堇和角堇已经被培育为观赏植物。堇菜属植物的花朵都有距，里面有蜜腺，果实成熟后会将种子弹出。校园里分布着戟叶堇菜、犁头草、七星莲 3 种堇菜科植物。

4.23.1 戟叶堇菜 *Viola betonicifolia*

戟叶堇菜是一种美丽的野花，春天淡紫色的花朵如同蝴蝶一般。戟叶堇菜的托叶合生，叶锯齿不明显，叶基部下延，楔形，花果期在 4—9 月。各校区草地上可见。

4.23.2 犁头草 *Viola japonica*

犁头草的根状茎较短粗，区别于戟叶堇菜，叶片基部不下延，花的距长于 4 毫米，花果期在 4—8 月。各校区草地上可见。

4.24 牻牛儿苗科

4.24.1 天竺葵 *Pelargonium hortorum*

天竺葵原产非洲，花色十分丰富，有红色、橙色、粉色、白色等品种，是一种常见的观赏植物。它的叶片互生，圆形或肾形，有鱼腥味，伞形花序，蒴果，花期在 5—7 月，果期在 6—9 月。清水河校区四号科研楼东侧有种植。

4.25 千屈菜科

4.25.1 千屈菜 *Lythrum salicaria*

千屈菜是千屈菜科物种的代表，这一科的名字便是以它来命名的。千屈菜的花朵紫红繁密，是一种美丽的水生观赏植物。它的叶对生或者 3 片轮生，聚伞花序簇生，花期在 7—8 月，果期在 8—10 月。清水河校区荷花池边有分布。

4.26 柳叶菜科

柳叶菜科物种的花大多十分美丽，山桃草、月见草、倒挂金钟等观赏植物就属于这一科。校园内分布着柳叶菜、长籽柳叶菜和山桃草 3 种柳叶菜科植物。

4.26.1 柳叶菜 *Epilobium hirsutum*

柳叶菜的叶片形似柳叶，嫩叶可以作为蔬菜食用，根可入药。它的叶片对生，总状花序，花瓣紫红色，蒴果，花期在 6—8 月，果期在 7—9 月。清水河校区湿地公园有分布。

4.26.2 长籽柳叶菜 *Epilobium pyrricholophum*

长籽柳叶菜是一种柳叶菜属的植物，不过它的叶片和花都比较小，种子较长，区别于柳叶菜。花期在 7—9 月，果期在 8—11 月。清水河校区湿地公园东侧有分布。

4.26.3 山桃草 *Gaura lindheimeri*

山桃草的花形似桃花，但是比桃花少一瓣，既有白色的品种，又有红色的品种。它的叶片无柄，长穗状花序，蒴果，花期在 5—8 月，果期在 8—9 月。清水河校区主楼南侧有分布。

4.27 蓼科

《荀子·劝学》中有“青出于蓝而胜于蓝”，意思是靛青从蓼蓝中提取出来，颜色却比蓼蓝更深，这里的蓼蓝便是蓼科的一种植物。蓼科中的荞麦、苦荞麦可以作为粮食，大黄、何首乌、拳参、金荞麦等可入药。校园内分布着扛板归、何首乌、蚕茧草、习见萹蓄、酸模叶蓼、丛枝蓼、长鬃蓼、巴天酸模、齿果酸模、金荞麦 10 种蓼科的植物。

4.27.1　蚕茧草 *Polygonum japonicum*

蚕茧草的花朵洁白如蚕茧，全草可入药。它的叶片近薄革质，披针形，穗状花序，瘦果卵形，花期在 8—10 月，果期在 9—11 月。清水河校区湿地公园有分布。

4.27.2 巴天酸模 *Rumex patientia*

巴天酸模，又名“羊蹄”，它的根肥厚，基生叶长圆形，茎上部叶披针形，圆锥状花序顶生，瘦果，有3个尖锐的齿，花期在5—6月，果期在6—7月。各校区草地上可见。

4.27.3 金荞麦 *Fagopyrum dibotrys*

野生金荞麦是国家二级保护野生植物，花朵洁白美丽，块根可入药。金荞麦的茎有纵棱，叶片三角形，托叶鞘边缘无毛，伞房状花序，瘦果宽卵形，花期在7—9月，果期在8—10月。各校区草地上有分布。

4.28 石竹科

4.28.1 鹅肠菜 *Myosoton aquaticum*

鹅肠菜，又名“鹅儿肠”，是石竹科的一种植物，全草可入药，可作为喂养鸡鸭的饲料。它的叶片对生，二歧聚伞花序，花白色，柱头 5 裂，花期在 5—8 月，果期在 6—9 月。各校区草地上可见。

4.29 苋科

苋科以常见蔬菜“苋”来命名，这一科既有可作为粮食的藜麦，也有可供观赏的青葙、血苋、尾穗苋、千日红等物种。苋科植物的花都很小，花被片膜质。校园内分布着喜旱莲子草、土荆芥、凹头苋、反枝苋、藜5种苋科植物。

4.29.1 喜旱莲子草 *Alternanthera philoxeroides*

喜旱莲子草，又名“革命草”“水花生”，原产巴西，可以用作饲料，一般进行无性繁殖。目前，国内引入了莲草直胸跳甲来控制它的生长。喜旱莲子草的茎基部匍匐，叶片对生，头状花序单生于叶腋，花白色，花期在5—6月。清水河校区湿地公园有分布。

4.29.2 土荆芥 *Dysphania ambrosioides*

土荆芥，又名“杀虫芥”“臭芥”，有一种奇特的味道，全株可入药。土荆芥的植株有能分泌芳香物质的腺体，叶片长圆状披针形，穗状或圆锥状花序，花被5裂，淡绿色，花果期较长。各校区草地上可见。

4.30 商陆科

4.30.1 垂序商陆 *Phytolacca americana*

垂序商陆，又名“美洲商陆”，果实紫黑色，挂成一串，常被误认为是葡萄。根十分肥大，可入药。总状花序，花瓣红白色，果序下垂，区别于商陆，花期在6—8月，果期在8—10月。各校区草地上可见。

4.31 紫茉莉科

4.31.1 紫茉莉 *Mirabilis jalapa*

紫茉莉，又名“地雷花”，花朵只开放一天，果实形似地雷，根可入药。紫茉莉的叶片卵形，花常数朵簇生于枝顶，花紫红色或黄色，瘦果球形，花期在6—10月，果期在8—11月。清水河校区西湖西侧、沙河校区第一教学楼西侧有分布。

4.32 报春花科

4.32.1 延叶珍珠菜 *Lysimachia decurrens*

延叶珍珠菜是珍珠菜属的一个物种，由于叶柄基部沿着茎下延而得名，全草可入药。它的叶片互生，披针形，总状花序，花略带淡紫色，蒴果，花期在 4—5 月，果期在 6—7 月。清水河校区湿地公园有分布。

4.33 旋花科

4.33.1 马蹄金 *Dichondra micrantha*

马蹄金是旋花科的一种匍匐草本，叶片像马蹄一样，花黄色，由此而得名。全草可入药，常被用作地被植物。它的茎细长，叶片肾形或圆形，花很小，蒴果，花期在 4 月，果期在 7—8 月。清水河校区湿地公园东侧、沙河校区主楼北侧有分布。

4.34 茄科

4.34.1 单花红丝线 *Lycianthes lysimachioides*

单花红丝线的果实成熟后会变为鲜艳的红色，这也是红丝线属植物的一大特征。它的茎较为纤细，叶片双生，花单生于叶腋，白色或粉紫色，浆果球形，花期在 5—8 月，果期在 7—11 月。清水河校区西湖西侧有分布。

4.35 车前科

4.35.1 车前 *Plantago asiatica*

车前，又名“蛤蟆叶”，在我国南北各地均有广泛的分布，全草可入药。车前的每两片相邻叶片间会有一定的角度，形成莲座状，用来减少叶片之间的遮挡，以最大限度地进行光合作用，这种现象被称为“叶镶嵌”。在许多植物上都能看到叶镶嵌，比如蒲公英、瓦松、石莲花等。车前的根系为须根系，不像萝卜一样有明显的主根，它的叶片基生，穗状花序，花冠白色，蒴果，花期在 4—8 月，果期在 6—9 月。各校区草地上可见。

4.35.2 大车前 *Plantago major*

大车前是车前属的另一物种，它的叶片比车前要宽大得多，长达 20 厘米。大车前的根系也是须根系，叶片基生，穗状花序，花期在 6—8 月，果期在 7—9 月。各校区草地上可见。

4.35.3 水苦荬 *Veronica undulata*

水苦荬是婆婆纳属的一种植物，通常生活在水边，全草可入药。它的植株相对低矮，叶片对生，总状花序，花瓣白色或淡蓝紫色，蒴果，与北水苦荬十分相似，但其花梗在果期与花序轴几乎成直角，花果期在 4—9 月。清水河校区西湖北侧有分布。

4.36 马鞭草科

4.36.1 马鞭草 *Verbena officinalis*

马鞭草因植株细长、形似马鞭而得名，全草可入药。它的茎四棱，穗状花序，花朵为美丽的淡蓝紫色，花期在 6—8 月，果期在 7—10 月。各校区草地上可见。

4.36.2 细叶美女樱 *Glandularia tenera*

细叶美女樱是一种美丽的观赏植物，花色丰富，有白色、粉色、蓝紫色等品种，适合用于花境中。细叶美女樱的茎四棱，叶片对生，2 回羽状深裂，穗状花序，蒴果，花果期在 4—10 月。清水河校区湿地公园东侧有分布。

4.37 唇形科

4.37.1 墨西哥鼠尾草 *Salvia leucantha*

墨西哥鼠尾草的花紫红色，毛茸茸的，不是薰衣草，但如薰衣草一般梦幻。它的全株都有柔毛，叶片披针形，穗状花序，花期在秋季，果期在冬季。清水河校区四号科研楼 C 区东南侧。

4.37.2 灯笼草 *Clinopodium polycephalum*

灯笼草植株高达 1 米，叶片卵形，轮伞花序组成圆锥花序，花朵紫红色，坚果褐色，花期在 7—8 月，果期在 9 月。各校区草地上可见。

4.37.3 细风轮菜 *Clinopodium gracile*

细风轮菜是风轮菜属的一种植物，它比灯笼草要细弱得多，叶片卵圆形，轮伞花序组成短总状花序，花白色或紫红色，坚果，花期在 6—8 月，果期在 8—10 月。各校区草地上可见。

4.38 桔梗科

4.38.1 半边莲 *Lobelia chinensis*

半边莲的花瓣淡粉色，全都偏向一边，像缺了一半一样，十分奇特，全草可入药。它的叶片互生，花单生于叶腋，蒴果倒锥形，花果期在 5—10 月。各校区湿润草地上可见。

4.39 菊科

菊科是被子植物中种类最为丰富的科，有约 1000 属，30 000 种，在世界各地均有广泛的分布，多数为草本，少部分为藤本或木本。校园内最多的被子植物便是菊科植物，足足占了校园植物种类的 10%。头状花序是菊科植物的一大特征，通常我们认为的一朵花其实是它的一个花序，每一个小小的“花瓣”和中央每一个小小的“花管”才是它的花。

4.39.1　野菊 *Chrysanthemum indicum*

野菊通常在秋天开放，金黄的花朵鲜艳夺目，香气袭人。它的花、叶可入药，头状花序排成伞房状花序，花期在 6—11 月。清水河校区西湖湖心岛有分布。

4.39.2 苣荬菜 *Sonchus wightianus*

苣荬菜在全球分布范围很广，横跨六大洲，在草地上经常能见到它的身影。它的叶裂通常较浅，头状花序排成伞房状花序，花黄色，总苞片上有绒毛，花果期在 1—9 月。各校区草地上可见。

4.39.3 变色苦荬菜 *Ixeris chinensis* subsp. *versicolor*

变色苦荬菜，又名“多色苦荬”，因舌状花有白色、淡紫色、黄色而得名。它是中华苦荬菜的一个变种，基生叶簇生，叶缘有并生的刺齿，茎生叶与基生叶同形，头状花序排成伞房状或伞房圆锥花序，瘦果纺锤形，花果期在6—10月。各校区草地上可见。

4.39.4 蒲公英 *Taraxacum mongolicum*

蒲公英金灿灿的花朵在莲座状的叶片里十分醒目，很有识别性，吹蒲公英那毛茸茸的果序是孩子们非常喜欢做的事情了。轻轻一吹，每一粒小小的种子便乘着白伞，满载梦想和欢笑飘向了远方。蒲公英的叶片倒卵状披针形、倒披针形或长圆状披针形，花葶上部紫红色，总苞片 2～3 层，瘦果倒卵状披针形，暗褐色，下部具成行小瘤，冠毛白色，花期在 4—9 月，果期在 5—10 月。各校区的草地上可见。

4.39.5 五月艾 *Artemisia indica*

五月艾的植株有很浓郁的香味，可以用作艾草的代用品。它没有像蒲公英一样鲜艳的舌状花，而只有管状花，头状花序形成圆锥花序或穗形总状花序，花果期在 8—10 月。各校区草地上可见。

4.39.6 翅果菊 *Lactuca indica*

翅果菊是莴苣属的一种植物。翅果菊的头状花序组成圆锥花序，舌状花黄色，瘦果椭圆形，花果期在 7—10 月。各校区草地上可见。

4.39.7 刺儿菜 *Cirsium arvense* var. *integrifolium*

刺儿菜的叶片边缘有细密的针刺，因此而得名。它的头状花序组成伞房花序，小花紫红色，没有舌状花，花果期在 5—9 月。各校区草地上可见。

4.39.8　黄金菊 *Euryops pectinatus*

黄金菊是校园里一种菊科栽培植物，主楼旁、宿舍楼下都能看到它金灿灿的身影。黄金菊的花蜜深受昆虫喜爱，每当太阳升起，蝴蝶便会在金黄色的花朵上翩翩起舞，一直到太阳快下山才依依不舍地离去。黄金菊的叶片长椭圆形，羽状分裂，花期很长，除冬天外，一直在开花。

4.39.9 马兰 *Aster indicus*

马兰是菊科紫菀属的一种植物，而我们通常所说的马兰花其实是鸢尾科鸢尾属的马蔺。马蔺生长在我国北方干旱地区，花朵紫色、浓密。马兰的花虽然没有马蔺的那么娇艳，但也是草地上不容忽视的一抹色彩。马兰的嫩叶可以作为蔬菜，被称为“马兰头”，全草可入药。它的头状花序单生于枝端，舌状花淡紫色，花期在 5—9 月，果期在 8—10 月。各校区草地上可见。

4.40 五加科

4.40.1 天胡荽 *Hydrocotyle sibthorpioides*

天胡荽的叶圆形或肾状圆形，像小铜钱一样，但是有一个明显的缺口，可入药。它的根、茎匍匐，花绿白色，很小，花果期在 4—9 月。各校区湿润草地上可见。

4.40.2 野天胡荽 *Hydrocotyle vulgaris*

野天胡荽，又名“铜钱草”，叶片像铜钱一样，属于天胡荽属，喜生在水中，常用作盆景。它的叶片圆形，盾状，花绿白色，花果期在 4—7 月。清水河校区湿地公园有分布。

4.41 伞形科

伞形科的许多物种都可以入药或者食用，比如川芎、当归、柴胡、防风、藁本等是著名的中药材，胡萝卜、芫荽、茴香、芹菜、水芹则可以食用或者用作香料，它们都有个共同的特征——伞形花序。校园内分布着水芹、小窃衣、积雪草、蛇床、细叶旱芹 5 种伞形科的植物。

4.41.1 水芹 *Oenanthe javanica*

水芹虽不与芹菜（旱芹）属于同一属，但也可以作为蔬菜食用，不过它与能引起中毒的毒芹比较相似，不建议在野外进行采食。水芹的叶片 2～3 回羽裂，小白花组成复伞形花序，十分好看，果实卵圆形，花果期在 7—8 月。清水河校区湿地公园有分布。

4.41.2 小窃衣 *Torilis japonica*

小窃衣的根和果实可以入药，叶片羽状分裂，复伞形花序，花白色，果实卵圆形，有钩状的皮刺，花果期在 4—10 月。各校区草地上可见。

4.41.3 积雪草 *Centella asiatica*

积雪草是一种常见的地被植物，可入药。它的茎匍匐，叶片肾形或马蹄形，伞形花序，花白色或紫红色，花果期在 4—10 月。清水河校区湿地公园东侧有分布。

4.42 菖蒲科

4.42.1 金钱蒲 *Acorus gramineus*

金钱蒲与菖蒲属于同一属，叶片有浓郁的柠檬香草气味，清新怡神，揉搓后香气能在手上长久不散，所以又被称作“随手香”。金钱蒲的叶片线形，肉穗状花序黄绿色，佛焰苞形似叶片，比花序长，花期在5—6月，果期在7—8月。清水河校区图书馆东北侧有分布。

4.43 天南星科

天南星科的植物基本都是草本，有块茎或者根状茎，它们的花序外有一片形似佛焰的苞片，被称作“佛焰苞”，红掌、马蹄莲最鲜艳的部分就是佛焰苞。天南星科植物有很高的经济价值，芋、野芋和魔芋是常见的蔬菜，虎掌、半夏、天南星等可以入药，绿萝、马蹄莲、龟背竹、春羽、海芋、合果芋、五彩芋等则是著名的观赏植物。校园内分布着马蹄莲、海芋、魔芋、春羽、浮萍5种天南星科的植物。

4.43.1 马蹄莲 *Zantedeschia aethiopica*

马蹄莲是著名的切花花卉，因花朵形似马蹄而得名。它花形美丽，花色丰富，以白色品种最为素雅大方。它的叶片箭形，肉穗状花序，浆果淡黄色，花期在2—3月，果期在8—9月。清水河校区西湖观景台有分布。

4.43.2 海芋 *Alocasia odora*

海芋，又名“滴水观音”，是一种美丽的观叶植物。海芋形似芋头，但误食后会引起中毒，严重者会导致死亡。粗壮的根状茎可入药。海芋的果实成熟后为鲜艳的红色，肉穗状花序，有香气，包裹在花序外的是一片巨大的佛焰苞，上部（檐部）为黄绿色，下部（管部）为绿色，四季均可开花。清水河校区宿舍区有分布。

4.43.3 魔芋 *Amorphophallus konjac*

魔芋，又名“花魔芋”“蒟蒻”，它的块茎直接食用会引起中毒，但加工后可以食用。它的整个植株只有一片叶子，类似茎的结构其实是它的叶柄。通常几年才开一次花，花深紫色，高达半米，恶臭，吸引蝇类或甲虫帮它传粉。叶柄光滑，灰色，有绿色斑块，叶片 3 全裂，裂片 2 ~ 3 回羽状深裂，浆果，花期在 3 月。清水河校区生态区有分布。

4.43.4 春羽 *Philodendron selloum*

春羽，又名“春羽喜林芋”，株形美观，叶姿秀丽，常用作庭院观赏植物，与龟背竹的主要区别是叶片裂成羽毛状，而不会形成一个个的小洞。春羽的肉穗状花序白色，佛焰苞外面绿色，里面黄白色，花期在 3—5 月。清水河校区校医院南北两侧有分布。

4.43.5 浮萍 *Lemna minor*

浮萍是池塘、水田中常见的野草，繁殖速度很快，可以作为养鸭的饲料，也可入药。它是世界上最小的开花植物，花朵极小，在显微镜下才能看清。浮萍的叶状体表面为绿色，背面为淡绿色或紫色，有一条细细的根，新的叶状体从叶背的小囊中长出，花期在 4—6 月，果期在 5—7 月。各校区水池中有分布。

4.44 泽泻科

4.44.1 皇冠草 *Echinodorus grisebachii*

皇冠草与作为蔬菜的白慈姑（华夏慈姑）属于同一科，叶形美丽，常作为观赏植物栽培。它的叶片长椭圆形，花白色，花期在 5—9 月，果期在 8—11 月。清水河校区图书馆北侧有分布。

4.45 水鳖科

4.45.1 黑藻 *Hydrilla verticillata*

黑藻是河流、湖泊中一种常见的水藻。黑藻的叶片线形，结构简单，只有一层叶肉细胞，是观察叶绿体很好的实验材料。黑藻开花时花序会伸出水面，花朵只有 2 毫米大，花果期在 5—10 月。各校区池塘、河流、湖泊中有分布。

4.46 兰科

4.46.1 绶草 *Spiranthes sinensis*

绶草，又名“盘龙参”，是一种美丽的野生兰花。它的花朵在花序轴上呈螺旋状排列，像盘龙一般，十分奇特。绶草的叶片通常为宽线形，生于茎的近基部，花茎高达 25 厘米，花序轴无毛，花色淡粉或紫红，花期在 4—5 月。清水河校区图书馆东侧有分布。

4.47 仙茅科

4.47.1 大叶仙茅 *Curculigo capitulata*

大叶仙茅植株高度可达 1 米，叶片纸质，长圆状披针形或近长圆形，叶脉折扇状，总状花序，花黄色，花丝短至不可见，浆果球形，花期在 5—6 月，果期在 8—9 月。清水河校区宿舍区有分布。

4.48 鸢尾科

鸢尾科植物的花大多鲜艳美丽，许多著名的观赏植物都出自此科，包括鸢尾、蝴蝶花、黄菖蒲、德国鸢尾、马蔺、唐菖蒲、香雪兰、观音兰等。番红花的柱头则是名贵药材藏红花，从番红花提取出的色素被称为番红，可用作食用色素，也可与固绿配合用于显微切片着色。校园内分布着鸢尾、黄菖蒲、蝴蝶花 3 种鸢尾科的植物。

4.48.1 鸢尾 *Iris tectorum*

4 月，蓝紫色的鸢尾花开满山坡，如梦如幻。细细的春雨过后，晶莹剔透的水珠在花瓣上划过，让花朵显得更为清新动人。鸢尾属植物通常通过外轮花被片中间突起的附属物来区分，比如鸢尾的外轮花被片就有白色的鸡冠状附属物，蝴蝶花的是黄色鸡冠状附属物，而黄菖蒲的花则没有这种结构。鸢尾的花期通常在 4—5 月，果期在 6—8 月。清水河校区湿地公园西北侧、西湖东岸有分布。

4.48.2 黄菖蒲 *Iris pseudacorus*

黄菖蒲虽然名字中带有菖蒲，但其实是鸢尾属的一种植物，它喜欢生活在湿地中，所以又被称为“水生鸢尾”。黄菖蒲的花黄色，外轮花被片有黑褐色的条纹，没有附属物，花期在 5 月，果期在 6—8 月。清水河校区湿地公园、图书馆北侧有分布。

4.48.3 蝴蝶花 *Iris japonica*

蝴蝶花是校园内最早开放的一种鸢尾科植物，通常 3 月就步入了盛花期。清水河校区西湖湖畔是观赏蝴蝶花最好的去处，春天花开时，仿佛成百上千只蓝白色的蝴蝶在草地上翩翩起舞，十分壮观，充满了生机和活力。蝴蝶花的淡蓝色的外轮花被片上有黄色的鸡冠状附属物，总状圆锥花序，蒴果，花期在 3—4 月，果期在 6—8 月。清水河校区西湖西侧、南侧有分布。

4.49 阿福花科

4.49.1 萱草 *Hemerocallis fulva*

萱草，又名“忘忧草”，早在两千多年前的中国就有栽培，《诗经·卫风·伯兮》中的诗句“焉得谖草，言树之背”中的“谖”便是指萱草。古时，游子在远行之前，会在母亲所居之处（北堂屋）种上一株萱草，来缓解母亲对子女的思念。孟郊的《游子》一诗中就用到了这一意象：“萱草生堂阶，游子行天涯。慈亲倚堂门，不见萱草花。”

萱草的根近肉质，叶片较为宽大，花橘黄色，朝开夕谢，内轮花被片有一“V”形黄斑，花果期在5—7月。清水河校区西湖南侧有分布。

4.50 石蒜科

4.50.1 葱莲 *Zephyranthes candida*

葱莲的叶片中空，像葱叶一样，金黄的花药配着洁白的花瓣，清新而素雅。它的鳞茎卵形，柱头3裂，蒴果近球形，通常在秋季开花。清水河校区宿舍区有分布。

4.51 天门冬科

4.51.1 紫玉簪 *Hosta albomarginata*

紫玉簪是玉簪属一种美丽的观赏植物，它的花朵像紫玉做成的簪子，高雅而端庄。紫玉簪的叶基生，通常叶片的长是宽的两倍，花单生于花茎顶端，盛开时花被管逐渐扩大，常在夏秋季开放。清水河校区生态区有分布。

4.51.2 麦冬 *Ophiopogon japonicus*

麦冬在我国有悠久的栽培历史，它的块根是一种常见的中药材。麦冬的果实非常漂亮，一颗颗果实像青金石做成的小珠子，藏在长长的叶片之下，等待着有心人去发现。它淡紫色的花被片在开放时仅稍稍张开，总状花序短于叶片，花期在5—8月，果期在8—9月。清水河校区学生活动中心东西两侧有分布。

4.51.3 山麦冬 *Liriope spicat*

山麦冬与麦冬一样，都是常见的地被植物，不过山麦冬属于山麦冬属，麦冬属于沿阶草属。两者的一个显著区别是山麦冬的花序通常长于叶片，而麦冬则刚好相反。总状花序，花淡紫色，3～5朵簇生，果实成熟时为黑色，花期在5—7月，果期在8—10月。清水河校区湿地公园东侧、沙河校区第二教学楼北侧有分布。

4.51.4 吊兰 *Chlorophytum comosum*

吊兰是一种常见的盆栽观赏植物，既有叶片纯绿的品种，也有花叶的品种。它的叶片剑形，花葶能变为匍匐枝进行无性繁殖，花白色，2～4 朵簇生，蒴果三棱状扁球形，花期在 5 月，果期在 8 月。清水河校区主楼南侧、品学楼西侧，沙河校区教材服务中心中央有分布。

4.51.5 斑点蜘蛛抱蛋 *Aspidistra elatior* var. *punctata*

斑点蜘蛛抱蛋，又名“洒金蜘蛛抱蛋”，是蜘蛛抱蛋的一个变种，叶片上有金色的斑点，花像一只紫红色的蜘蛛，因此而得名。它的叶片单生，矩圆状披针形，叶柄明显，花被片钟形，有 8 个裂片，像蜘蛛的 8 条腿，花期在 3—5 月，果期在 6—8 月。清水河校区生态区、第三教学楼北侧有分布。

4.52 鸭跖草科

4.52.1 白花紫露草 *Tradescantia fluminensis*

白花紫露草是一种良好的观叶植物，花朵洁白淡雅。它的茎匍匐，叶片长圆形，伞形花序，苞片叶状，常在夏秋季开花。清水河校区科研楼 B 区南侧有分布。

4.53 雨久花科

4.53.1 凤眼莲 *Eichhornia crassipes*

凤眼莲，又名“凤眼蓝”“水葫芦”，花朵蓝紫色，上部花被片有一形似凤眼的圆斑，非常美丽。凤眼莲与大薸、喜旱莲子草一样，早先被作为家畜饲料引入国内，不仅可以入药，还可以用来净化水中的重金属物质。它的叶片基生，叶柄膨大，形似葫芦，常通过匍匐枝进行无性生殖，蒴果卵形，花期在 7—10 月，果期在 8—11 月。清水河校区东湖北侧有分布。

4.54 芭蕉科

4.54.1 芭蕉 *Musa basjoo*

“流光容易把人抛，红了樱桃，绿了芭蕉。”芭蕉在诗词中通常是愁苦的代名词，但古人却又喜欢在庭院里种上那么几株。在我国南方的乡村，芭蕉几乎随处可见，不仅因为它的叶片青翠秀丽，更因为它每年都会结出一大串一大串的果实来，虽然味道不及香蕉，但在物资匮乏的年代，它曾是宝贵的吃食。与三倍体的香蕉不同的是，芭蕉能形成完整的种子，进行有性生殖，而香蕉则只能通过匍匐茎来繁殖。芭蕉的花序顶生，下垂，苞片红褐色，花序上部为雄花，下部为雌花，浆果有 3 ~ 5 棱，种子黑色，宽 6 ~ 8 毫米，花果期在 6—11 月。清水河校区校医院北侧、沙河校区东北门西侧有分布。

4.55 美人蕉科

美人蕉科的大多数植物都是花朵艳丽的观赏植物，如美人蕉、大花美人蕉等。南方经常种植的蕉芋也属于美人蕉科，不过不是为了观赏，而是为了食用它富含淀粉的块茎。校园内分布着花叶金脉美人蕉、大花美人蕉和兰花美人蕉 3 种美人蕉科植物。

4.55.1 花叶金脉美人蕉 *Canna* 'Pretoria'

花叶金脉美人蕉因部分叶脉为金色而得名，既可观花，又可观叶。它的花序总状，花橙黄色，没有斑点，花期在夏秋季。清水河校区西湖观景台、荷花池东西两侧有分布。

4.55.2 兰花美人蕉 *Canna orchioides*

兰花美人蕉的叶片绿色，总状花序，花明黄色，有许多橘黄色的斑点，常在夏秋季开花。清水河校区宿舍区有分布。

4.55.3 大花美人蕉 *Canna x generalis*

大花美人蕉的叶片绿色，总状花序，花朵没有斑点，有红色、淡黄色等品种，花期在夏秋季。清水河校区荷花池西侧、品学楼B区南侧有分布。

4.56 竹芋科

竹芋科的“科长”竹芋拥有富含淀粉的根状茎，形似芋头或者冬笋，可供食用。竹芋科的许多物种可供观赏，如肖竹芋、花叶竹芋、再力花等。校园内仅分布再力花这一种竹芋科植物。

4.56.1 再力花 *Thalia dealbata*

再力花，又名“水竹芋”，植株高大美观，紫色的花朵鲜艳奇特，是优良的水生观赏植物。再力花全株被有白粉，叶片卵状披针形，花序复总状，蒴果近圆球形，花果期在 4—10 月。清水河校区湿地公园、西湖近岸处有分布。

4.57 香蒲科

4.57.1 水烛 *Typha angustifolia*

水烛是香蒲属的物种，它的叶片很像菖蒲，但与菖蒲是完全不同的两个物种。水烛的叶片没有香气，果实成熟时形状像烤肠一样，轻轻一捏，一团团的白絮便飞舞了起来。水烛和香蒲的嫩芽在江淮一带被称作草芽，是一种美味的蔬菜。水烛的雄花序位于雌花序的上方，相距 2～7 厘米，花果期在 5—8 月。清水河校区湿地公园有分布。

4.58 莎草科

莎草科中大多是多年生草本植物，喜欢生长在湿润的地方。它们的杆大多是三棱形，不同于禾本科圆形的茎。校园内分布着香附子、砖子苗、风车草、碎米莎草、异型莎草、球穗扁莎、水葱、短叶水蜈蚣、垂穗薹草 9 种莎草科植物。

4.58.1 香附子

Cyperus rotundus

香附子的匍匐根状茎很长，块茎椭圆形，可入药。它的叶短于杆，叶状苞片长于花序，3～10 个穗状花序组成聚伞花序，小穗线形，花果期在 5—11 月。各校区草地上可见。

4.58.2 砖子苗

Cyperus cyperoides

砖子苗的根状茎较短，叶短于杆或等长，叶状苞片长于花序，多个圆筒形穗状花序组成聚伞花序，小穗密生，花果期在 4—10 月。各校区草地上可见。

4.58.3 风车草 *Cyperus involucratus*

风车草是一种常见的水生观赏植物，因花序像风车而得名。风车草植株高度可达 1 米，杆近圆形，苞片 20 枚，聚伞花序上的辐射枝分两级，小穗生于二级辐射枝上，花果期在 3—10 月。清水河校区西湖湖心岛、图书馆北侧有分布。

4.58.4 水葱 *Schoenoplectus tabernaemontani*

水葱的杆中空，形似葱叶，通常生活在水中。它的匍匐根状茎粗壮，杆高度可达 2 米，多个辐射枝组成聚伞花序，小穗单生或簇生，花果期在 6—9 月。清水河校区西湖观景台有分布。

4.58.5 短叶水蜈蚣 *Kyllinga brevifolia*

短叶水蜈蚣的匍匐根状茎长，苞片 3 枚，只有 1 个球形的穗状花序，小穗密生，花果期在 5—9 月。各校区草地上可见。

4.58.6 垂穗薹草 *Carex brachyathera*

垂穗薹草的根状茎木质，叶片短于秆，小穗下垂，顶生为雄性，侧生为雌性，小穗柄丝状，花果期在 7 月。清水河校区荷花池东西两侧有分布。

4.59 禾本科

禾本科是单子叶植物的第二大科，世界上绝大部分的主粮出自禾本科，包括水稻、小麦、大麦、黑麦、燕麦、玉米、小米、稷、菰、䅟、高粱、薏米等。除了粮食，用于制糖的竹蔗和甘蔗、制作房屋器具的竹子、编制草席的斑茅、用作地被的结缕草、优质牧草黑麦草等也都来自禾本科。可以说，没有禾本科，就没有我们人类繁荣昌盛的今天。禾本科植物花的结构由外到内依次为外颖（第一颖、总苞）、内颖（第二颖、总苞）、外稃（苞片）、内稃（花被片）、浆片（花被片）和雄蕊，叶的结构由基部往顶部依次为叶鞘、叶舌、叶耳和叶片。校园内分布着箬竹、黑麦草、结缕草、蒲苇、芦苇、芒、斑茅、狗尾草、薏苡、稗等 20 多种禾本科植物。

4.59.1 黑麦草 *Lolium perenne*

黑麦草是一种优质牧草，叶片线形，穗状花序穗形，颖披针形，外稃长圆形，内外稃等长，花果期在 5—7 月。各校区草地上可见。

4.59.2 草地早熟禾 *Poa pratensis*

草地早熟禾是一种常见的牧草和地被植物，能进行无融合生殖，种内变异很大。它的匍匐根状茎发达，圆锥花序金字塔形，二次分枝，小穗卵圆形，有 3 ～ 4 朵小花，花药长1.5～2毫米，颖果纺锤形，花期在5—6月。清水河校区湿地公园东侧、沙河校区西门东南侧有分布。

4.59.3 棕叶狗尾草 *Setaria palmifoli*

棕叶狗尾草与常见的狗尾草不太一样，它的叶片、花序均比较宽大，而且是多年生草本植物。棕叶狗尾草的颖果富含淀粉，可以食用。它的叶片有纵深皱褶，圆锥花序塔形，花果期在 8—12 月。清水河校区生态区有分布。

4.59.4 结缕草 *Zoysia japonica*

结缕草的总状花序呈穗状，小穗淡黄绿色或者略带紫褐色，花果期在 5—8 月。清水河校区宿舍区有分布。

4.59.5 狗牙根 *Cynodon dactylon*

狗牙根与结缕草、草地早熟禾都是常见的草坪草，可作养牛的饲料，全草可入药。它的穗状花序3～5枚，小穗具1小花，花药淡紫色，花果期在 5—10 月。清水河校区宿舍区有分布。

4.59.6 矛叶荩草

Arthraxon lanceolatus

矛叶荩草的秆直立或者倾斜，叶舌膜质，叶片披针形，基部抱茎，总状花序指状排列于枝顶，花果期在 7—10 月。清水河校区荷花池东南侧有分布。

4.59.7 毛花雀稗

Paspalum dilatatum

毛花雀稗是一种优质牧草，根状茎较短，秆直立，4 ～ 10 枚总状花序形成大型圆锥花序，分枝腋间具长柔毛，小穗卵形，花果期在 5—7 月。各校区草地上可见。

4.59.8 鹅观草 *Elymus kamoji*

鹅观草，又名“柯孟披碱草”“弯穗鹅观草”，可作牲畜饲料，叶鞘外侧边缘通常有纤毛，穗状花序弯曲或下垂，小穗绿色或略带紫色，先端锐尖，具短芒，第一外稃长 8 ～ 11 毫米，先端延伸成芒，穗状花序长 7 ～ 20 厘米，弯曲或下垂。各校区草地上可见。

4.59.9 芦竹 *Arundo donax*

芦竹的植株十分高大，秆似竹子，叶似芦苇，由此而得名。嫩叶可作牲畜饲料，秆可作管乐器簧片。芦竹的叶舌截平，叶片基部抱茎，圆锥花序大型，小穗有 2 ～ 4 朵小花，内稃长约为外稃一半，花果期在 9—12 月。清水河校区荷花池东西两侧有分布。

4.59.10 芦苇 *Phragmites australis*

芦苇通常生活在水中，秋天北方一片片的芦苇荡在夕阳下格外迷人。芦苇的叶片可以做成芦笛，秆可以用来编制草席。它的叶舌边缘有一圈短纤毛，圆锥花序大型，分枝较多，小穗下垂，有 4 朵小花，花果期在 8—12 月。清水河校区荷花池东侧有分布。

4.59.11 蒲苇 *Cortaderia selloana*

蒲苇是一种原产美洲的观赏植物，它的秆十分高大，高达 3 米，叶舌为一圈柔毛，叶片边缘粗糙，圆锥花序大型，银白色或粉红色，小穗有 2 ～ 3 朵小花，雌雄异株。清水河校区湿地公园东侧有分布。

4.59.12 芒 *Miscanthus sinensis*

芒是一种 C4 植物，它从空气中吸收CO_2后先合成C4化合物，拥有很强的固碳能力，需水量少，有成为富含生物质能的能源植物的潜力。芒通常被用作观赏植物或者造纸原料。芒的叶舌膜质，圆锥花序，小穗披针形，有丝状毛，第二外稃短于第一外稃，有长约1 厘米的芒，颖果暗紫色，花果期在 7—12 月。清水河校区荷花池西侧有分布。

4.59.13 荻 *Miscanthus sacchariflorus*

荻是芒属的一种植物，它与芒十分类似，二者最大的区别是荻的第二外稃上没有芒，只是纤毛，芒则刚好相反。荻的花果期通常在 8—10 月。清水河校区湿地公园、西湖有分布。

4.59.14 五节芒 *Miscanthus floridulus*

五节芒比芒要高大许多，高度可达 4 米，根状茎可入药。它的节下有白粉，圆锥花序大型，小枝分枝 2~3 回，较细弱，腋间有柔毛，第二外稃有长约 1 厘米的芒，花果期在 5—10 月。清水河校区西湖拱桥西北侧有分布。

4.59.15　斑茅

Saccharum arundinaceum

斑茅，又名“巴茅”，在我国南方十分常见，虽然属于甘蔗属，但它的秆却没有甜味。斑茅通常丛生，叶舌膜质，叶片线状披针形，圆锥花序大型，小枝分枝 2 ~ 3 回，柱头紫黑色，颖果长圆形，花果期在 8—12 月。清水河校区西湖拱桥西南侧有分布。

苏轼认为："宁可食无肉，不可居无竹。"从古至今，竹子因其高风亮节的品格深受文人志士的喜爱，他们的庭院中总会种上几丛竹子来增添雅趣，即便在北方也不例外。经过几千年的栽培，人们对竹子也有了多方面的利用，包括蔬食、筑房、雕刻、观赏、制作农具等。

4.59.16 金竹 *Phyllostachys sulphurea*

金竹的竿在解箨时呈金黄色，箨鞘背面为乳黄色或者绿黄褐色，无毛，微被白粉，有淡褐色的斑点，箨舌绿黄色，箨片狭三角形，叶耳及鞘口穗毛发达，笋期在5月中旬。清水河校区湿地公园东侧有分布。

4.59.17 箬竹 *Indocalamus tessellatus*

箬竹的叶片较大，常用于包粽子。它的箨鞘密被紫褐色刺毛，无箨耳，箨舌厚膜质，小枝有2～4片叶片，无叶耳，笋期在4—5月，花期在6—7月。清水河校区图书馆北侧有分布。

假酸浆
小酸浆
寿菊
苋科
曼陀罗
秋英
爵床
平车前
异型莎草
麦仙翁
野茼蒿
荨麻科
草木樨
藿香蓟
金色狗尾草
荠
泥胡菜
诸葛菜
普通小麦
蓼科
泽珍珠菜
阿拉伯婆婆纳
小蓬草
摩洛哥柳穿鱼
齿果酸模
蓝蓟
豆科
石胡荽
一年蓬
唇形科
春飞蓬
碧冬茄
菊科
粗齿冷水花
白酒草
苦苣菜

5 草本·一、二年生

⑤草本·一、二年生

- 罂粟科
  - 虞美人
- 景天科
  - 繁缕景天
- 豆科
  - 草木樨
- 荨麻科
- 堇菜科
  - 七星莲
- 大戟科
- 叶下珠科
  - 叶下珠
- 锦葵科
- 旱金莲科
  - 旱金莲
- 十字花科
- 蓼科
- 石竹科
- 苋科
- 马齿苋科
  - 马齿苋
- 凤仙花科
  - 菱叶凤仙花
- 报春花科
  - 泽珍珠菜
- 紫草科
- 茄科
- 车前科
- 母草科
  - 紫萼蝴蝶草
- 爵床科
  - 爵床
- 唇形科
  - 荔枝草
  - 紫苏
  - 紫背金盘
- 通泉草科
  - 通泉草
- 菊科
- 伞形科
- 莎草科
- 禾本科
  - 稗
  - 牛筋草
  - 薏苡
  - 狗尾草
  - 金色狗尾草
  - 小麦

山冷水花
粗齿冷水花
小叶冷水花
矮冷水花

地锦草
斑地锦草
蓖麻
铁苋菜

蜀葵
野葵
黄蜀葵
苘麻

荠
碎米荠
诸葛菜
蔊菜

习见萹蓄
酸模叶蓼
丛枝蓼
长鬃蓼
齿果酸模

繁缕
无瓣繁缕
麦蓝菜
麦仙翁
球序卷耳

凹头苋
反枝苋
藜

蓝蓟
附地菜
柔弱斑种草

龙葵
少花龙葵
番茄
碧冬茄
小酸浆
假酸浆
曼陀罗

平车前
摩洛哥柳穿鱼
阿拉伯婆婆纳

石胡荽
一年蓬
春飞蓬
小蓬草
白酒草
鱼眼草
秋英
黄秋英
苦苣菜
续断菊
黄鹌菜
鼠曲草
匙叶合冠鼠曲
矢车菊
豨莶
百日菊
金盏花
万寿菊
野茼蒿
鬼针草
狼耙草
两色金鸡菊
黑心菊
翠菊
钻叶紫菀
鳢肠
藿香蓟
牛膝菊
泥胡菜

细叶旱芹
蛇床

碎米莎草
异型莎草
球穗扁莎

5.1 罂粟科

罂粟科物种的花朵大多鲜艳美丽，比如作为观赏植物的虞美人、野罂粟、花菱草和荷包牡丹，以及高山上最为迷人的绿绒蒿属植物。罂粟科植物常常有毒，富含生物碱，这也正是其药用价值的体现。校园内只分布着虞美人这一种罂粟科植物。

5.1.2 虞美人 *Papaver rhoeas*

虞美人是一种非常美丽的观赏植物，花朵像飘逸的舞裙，在风中摇曳出华尔兹的步伐。虞美人虽与罂粟属于同一属，但它们有许多明显的差别，比如虞美人的叶片羽状分裂，果实很小，不含阿片类成分，而罂粟的叶片不裂，花和果实均较大。虞美人花和全株可入药。它的花果期在 3—8 月。清水河校区学知苑一组团东侧绿地有分布。

5.2 景天科

5.2.1 繁缕景天 *Sedum stellariifolium*

繁缕景天的叶片很像石竹科的繁缕，但一开花便显出与繁缕的不同。金黄色的 5 枚花瓣和直立的 5 个心皮昭示着其景天科的身份。其实，它莲座状的基生叶也是景天科身份的证明。繁缕景天喜欢生长在岩石缝中，叶片互生，有腺毛，总状聚伞花序，花期在 6—8 月，果期在 8—9 月。清水河校区西湖湖心岛有分布。

5.3 豆科

5.3.1 草木樨 *Melilotus officinalis*

草木樨是一种常见的牧草，花金黄美丽，叶片为3出羽状复叶，荚果卵形，花期在5—9月，果期在6—10月。各校区草地上可见。

5.4 荨麻科

5.4.1 山冷水花 *Pilea japonica*

冷水花属植物都喜欢生活在潮湿阴暗的地方，在南方的山里十分常见。山冷水花是校园里 4 种冷水花属植物之一，可入药。它的叶片对生，菱状卵形或卵形，花单性，聚伞花序，雌雄同株或异株，花期在 7—9 月，果期在 8—11 月。各校区林下草地上可见。

5.4.2 粗齿冷水花 *Pilea sinofasciata*

粗齿冷水花的植株比山冷水花的粗壮，叶片也要大一些，叶长可达 15 厘米，有 10 ～ 15 对粗牙齿，聚伞花序圆锥状，雌雄同株或异株，花期在 6—7 月，果期在 8—10 月。各校区林下草地上可见。

5.4.3 小叶冷水花 *Pilea microphylla*

小叶冷水花，又名“礼花草”，常细细密密地长在一起，像礼花一样，可以用作观赏植物。它的茎有较多分枝，叶片长约5毫米，聚伞花序密集成头状，雌雄同株，花期在夏秋季，果期在秋季。各校区潮湿石缝中有分布。

5.4.4 矮冷水花 *Pilea peploides*

矮冷水花的叶片很小，膜质，长约1厘米，聚伞花序密集成头状，雌雄同株，花期在4—7月，果期在7—8月。清水河校区湿地公园有分布。

5.5 堇菜科

5.5.1 七星莲 *Viola diffusa*

七星莲的基生叶莲座状，能通过匍匐枝进行无性繁殖，常在草地上开成一大片。它的叶片卵形，花较小，淡紫色，蒴果长圆形，花期在 3—5 月，果期在 5—8 月。各校区草地上可见。

5.6 大戟科

大戟科盛产经济作物，包括重要的粮食作物木薯，天然橡胶植物橡胶树，工业油料植物油桐、蓖麻、麻风树，著名泻药巴豆，以及观赏植物乌桕、变叶木、一品红、霸王鞭等。它们有一个明显的共同特征，就是枝叶折断后常有白色或淡红色的乳汁流出，橡胶树就是一个极好的例子。校园内分布着乌桕、地锦草、斑地锦、蓖麻、铁苋菜5种大戟科植物。

5.6.1 地锦草 *Euphorbia humifusa*

地锦草的茎匍匐，分枝较多，叶片对生，矩圆形或椭圆形，长约8毫米，花序单生于叶腋，雌雄异花，蒴果，花果期在5—10月。各校区草地上可见。

5.6.2 斑地锦草 *Euphorbia maculata*

斑地锦草因叶片中央常有一个长圆形的紫色斑点而得名，叶片比地锦草稍大，长约1厘米，花序单生于叶腋，花果期在4—9月。各校区草地上可见。

5.6.3 蓖麻 *Ricinus communis*

蓖麻的种子含油量高，压榨出的油可用于工业生产，人误食蓖麻籽后会引起中毒。蓖麻的叶片掌状 7 ～ 11 裂，花雌雄同株，没有花瓣，花序上部着生雌花，下部着生雄花，蒴果卵球形或近球形，种子有淡褐色斑纹，具肉质胚乳，花期近乎全年。清水河校区宿舍区有分布。

5.6.4 铁苋菜 *Acalypha australis*

铁苋菜，又名“海蚌含珠”，因叶片形似苋菜，茎铁红色，果实长在蚌壳形的苞片里而得名。它的叶片长卵形，雄花聚集成穗状或头状，蒴果绿色，有 3 个分果爿，花果期在 4—12 月。各校区草地上可见。

5.7 叶下珠科

5.7.1 叶下珠 *Phyllanthus urinaria*

叶下珠的花和果实生于叶腋，看起来像羽状复叶的部分其实是它的一段茎，类似于西藏红豆杉。叶下珠的叶片纸质，长圆形或倒卵形，花雌雄同株，蒴果球形，成熟时为红色，花期在 4—6 月，果期在 7—11 月。各校区草地上可见。

5.8 锦葵科

锦葵科盛产观赏植物，木棉（攀枝花）、梧桐、木芙蓉、蜀葵、木槿、朱槿（扶桑）、悬铃花等都属于锦葵科。此外，为我们提供织物棉的陆地棉、海岛棉等，蔬菜咖啡黄葵（秋葵）和冬葵，热带水果榴梿等也是锦葵科著名的经济物种。锦葵科植物的主要特征是花辐射对称，雄蕊合生成管状的雄蕊柱，果实通常分裂成几个爿。校园内分布着梧桐、木芙蓉、蜀葵、野葵、黄蜀葵、苘麻 6 种锦葵科植物。

5.8.1 蜀葵 *Alcea rosea*

蜀葵，又名“一丈红”，原产我国西南地区，花朵繁盛而热烈，像褶皱纸做成的团花，花色丰富，有红、粉、白等颜色，是极佳的园林观赏植物。蜀葵的茎密被刺毛，叶片掌状浅裂，总状花序顶生，蒴果，花期在 6—8 月，果期在 8—10 月。清水河校区校医院北侧有分布。

5.8.2 野葵 *Malva verticillata*

野葵，又名“冬苋菜”，栽培变种冬葵是葵菜的一种，嫩叶可供食用，特别适合煮粥或者做汤，栽培历史可追溯到汉代以前。野葵的叶片掌状浅裂，花簇生于叶腋，白色或淡紫色，果实扁球形，花果期在3—11月。清水河校区校医院东侧、沙河校区主楼北侧有分布。

5.8.3 黄蜀葵 *Abelmoschus manihot*

黄蜀葵的花为淡黄色，大而美丽，可供观赏，种子和根可入药。黄蜀葵与黄葵十分接近，黄葵种子含有类似麝香的气味，提取的芳香油可以用于制作高级香水，黄蜀葵的种子则没有这种香气。它们的主要区别在于小苞片，也就是成熟果实下部的叶状结构。黄蜀葵的小苞片为卵状披针形，有4～5枚，而黄葵的小苞片为线形，有8～10枚。黄蜀葵的叶片掌状深裂，花单生于叶腋，蒴果卵状椭圆形，花期在7—10月，果期在9—11月。清水河校区湿地公园东侧有分布。

5.8.4 苘麻 *Abutilon theophrasti*

苘麻是一种传统的麻料作物，它的茎皮可以用于编制麻袋、绳索等，种子可入药。苘麻的全株被有柔毛，叶片圆心形，花单生于叶腋，黄色，分果半球形，花果期在 6—11 月。各校区草地上可见。

5.9 旱金莲科

5.9.1 旱金莲 *Tropaeolum majus*

旱金莲因花朵橘黄、叶片形似荷叶而得名，是一种良好的庭园观赏植物。它的枝叶蔓生，花朵杯状，果实扁球形，花期在 6—10 月，果期在 7—11 月。清水河校区宿舍区有分布。

5.10 十字花科

十字花科因花瓣4枚、形如十字而得名。我们常吃的蔬菜中有很大一部分都来源于十字花科，包括萝卜、白菜、芸薹、芥菜、甘蓝、豆瓣菜等。十字花科的果实称作角果，长度明显大于宽度的是长角果，比如油菜；长度小于或等于宽度的是短角果，比如荠。校园内分布着荠、碎米荠、诸葛菜、蔊菜4种十字花科植物。

5.10.1 荠 *Capsella bursa-pastoris*

荠是春天南北各地最常见的一种野菜，非常适合用来包饺子。荠的短角果是心形的，十分具有辨识度。花很小，白色，总状花序，花期在4—6月，果期在6—8月。各校区草地上可见。

5.10.2 碎米荠 *Cardamine hirsuta*

碎米荠因花如碎米、叶如荠而得名，可作为野菜食用。它与荠的主要区别在于果实为线形的长角果，而不是心形的短角果。花期通常在2—4月，果期在4—6月。各校区草地上可见。

5.10.3 诸葛菜 *Orychophragmus violaceus*

相传，诸葛菜是诸葛亮在行军途中粮草不足时发现的一种野菜，去除苦味后可以食用。它还有一个好听的名字叫“二月兰”，因花朵蓝紫、农历二月开花而得名。季羡林在散文《二月兰》中这样描述它：“只要有空隙的地方，都是一团紫气，间以白雾，小花开得淋漓尽致，气势非凡，紫气且冲云霄，连宇宙都仿佛变成紫色的了。”诸葛菜的花期在3—5月，果期在5—6月。在各个校区的草地上可见。

5.10.4 蔊菜 *Rorippa indica*

蔊菜的叶片互生，基生叶大头羽状分裂，茎上部叶宽披针形，总状花序，花瓣黄色，很小，长角果线形，花期在4—6月，果期在6—8月。各校区草地上可见。

5.11 蓼科

5.11.1 习见萹蓄 *Polygonum plebeium*

习见萹蓄的茎常平卧在地面上，叶片窄椭圆形，托叶鞘白色，花簇生于叶腋，花被片5深裂，绿色，花期在5—8月，果期在6—9月。各校区草地上可见。

5.11.2 酸模叶蓼 *Polygonum lapathifolium*

酸模叶蓼的植株高度可达1米，叶片披针形，常具黑褐色新月形斑点，托叶鞘顶端平截，没有缘毛，穗状花序组成圆锥状，花序梗有腺体，花被片4深裂，白色或淡红色，花期在6—8月，果期在7—9月。各校区草地上可见。

5.11.3 丛枝蓼 *Polygonum posumbu*

丛枝蓼的花淡红色，十分好看。它与酸模叶蓼的主要区别是花序较为细弱，下部间断，花稀疏，托叶鞘有较长的缘毛。花期在 6—9 月，果期在 7—10 月。各校区湿润草地上可见。

5.11.4 长鬃蓼 *Polygonum longisetum*

长鬃蓼的花紫红色或淡红色，较为密集，叶片披针形，托叶鞘有明显的缘毛，区别于丛枝蓼。花期在 6—8，果期在 7—9 月。各校区湿润草地上可见。

5.11.5 齿果酸模 *Rumex dentatus*

齿果酸模为一年生草本植物，植株整体轻细弱，高度可达 70 厘米，它的果实边缘有明显的刺状齿，花两性，黄绿色，总状花序组成圆锥花序，花期在 5—6 月，果期在 6—7 月。各校区草地上可见。

5.12 石竹科

石竹科植物基本都是草本植物，它们的茎、节通常膨大，有关节，单叶对生，大都存在合生，常见的观赏花卉有香石竹（康乃馨）、绣球石竹、剪秋罗、肥皂草等。校园内分布有繁缕、无瓣繁缕、鹅肠菜、麦蓝菜、麦仙翁、球序卷耳 6 种石竹科植物。

5.12.1 繁缕

Stellaria media

繁缕是一种常见的田间杂草，茎、叶可入药。它的叶片卵形，聚伞花序顶生，花瓣 5 枚，2 深裂，白色，雄蕊 3 ~ 5 枚，短于花瓣，蒴果卵圆形，花期在 6—7 月，果期在 7—8 月。各校区草地上可见。

5.12.2 无瓣繁缕

Stellaria pallida

无瓣繁缕的茎常铺散，叶片较小，近卵形，二歧聚伞状花序，花梗细长，花瓣退化至几乎没有，花果期在 4—9 月。各校区草地上可见。

5.12.3 麦蓝菜 *Vaccaria hispanica*

麦蓝菜是一种常见麦田杂草，花朵粉红美丽，也可以用作观赏植物，种子可入药，被称为“王不留行”。麦蓝菜的叶片卵状披针形，伞房花序稀疏，蒴果宽卵形或近圆球形，花期在 4—7 月，果期在 5—8 月。清水河校区学知苑一组团东侧绿地有分布。

5.12.4 麦仙翁 *Agrostemma githago*

麦仙翁与麦蓝菜一样，也是一种常见麦田杂草，花朵紫红美丽。它的叶片线形或线状披针形，花单生，花梗较长，蒴果卵圆形，花期在 6—8 月，果期在 7—9 月。清水河校区学知苑一组团东侧绿地有分布。

5.12.5 球序卷耳 *Cerastium glomeratum*

球序卷耳的全株密被柔毛，聚伞花序密集成头状，花和果实均很小，花瓣白色，先端 2 裂，蒴果长圆筒形，花期在 3—4 月，果期在 5—6 月。各校区草地上可见。

5.13 苋科

5.13.1 凹头苋 *Amaranthus blitum*

凹头苋最明显的特征就是叶片顶端明显凹陷。它的茎伏卧上升，叶片卵形，花簇腋生，顶端花序穗状或圆锥花序，胞果扁卵形，近平滑，花期在 7—8 月，果期在 8—9 月。各校区草地上可见。

5.13.2 反枝苋 *Amaranthus retroflexus*

反枝苋可作牲畜饲料，茎直立，密被短柔毛，叶片菱状卵形，圆锥花序较粗，苞片钻形，长 4 ~ 6 毫米，胞果扁卵形，包裹在宿存花被片内，花期在 7—8 月，果期在 8—9 月。各校区草地上可见。

5.13.3 藜 *Chenopodium album*

藜可作野菜，也可入药。它的叶片菱状卵形，花两性，穗状或圆锥状花序，胞果果皮与种子贴生，花果期在5—10月。各校区草地上可见。

5.14 马齿苋科

5.14.1 马齿苋 *Portulaca oleracea*

马齿苋可作蔬菜，也可入药。它的茎伏地铺散，分枝较多，叶片倒卵形，扁平肥厚，花黄色，簇生枝顶，常在中午盛开，花期在 5—8 月，果期在 6—9 月。各校区草地上可见。

5.15 凤仙花科

凤仙花科植物的花形奇特美丽，像飞起的凤鸟，又如身着鲜艳而飘逸的羽衣下凡的仙子，是山野中迷人的存在。凤仙花科的物种除水角外都属于凤仙花属，这一属的果实成熟后轻轻一碰，便会炸裂开来，十分有趣。校园内分布着菱叶凤仙花这种凤仙花科植物。

5.15.1 菱叶凤仙花 *Impatiens rhombifolia*

菱叶凤仙花是四川特有的物种，金黄色的花朵在水边开成一片，把整个湿地公园都染成了金色，吸引蜂、蝶，好不热闹。菱叶凤仙花的叶片菱形，常 2 朵花生于叶腋，苞片钻形，蒴果线形，花期在 10—11 月，果期在 11—12 月。清水河校区湿地公园有分布。

5.16 报春花科

报春花科植物花色十分丰富，与龙胆、绿绒蒿、马先蒿一道，将西南高原山区织成五彩斑斓的锦绣。园艺中培育了多种报春花科植物用来观赏，如鄂报春、欧洲报春和仙客来等。校园内分布着泽珍珠菜和延叶珍珠菜2种报春花科植物。

5.16.1 泽珍珠菜 *Lysimachia candida*

泽珍珠菜的花洁白如雪，繁盛美丽，虽是野花，与许多栽培观赏植物相比一点也不逊色。泽珍珠菜喜欢生活在潮湿的地方，全株无毛，基生叶匙形，茎生叶倒卵形，总状花序顶生，蒴果球形，苞片线形，花期在3—6月，果期在4—7月。各校区湿润草地上可见。

5.17 紫草科

紫草科植物的花大多为蓝色或紫色，比如用于观赏的勿忘草和蓝蓟等。校园内分布着蓝蓟、附地菜、柔弱斑种草 3 种紫草科植物。

5.17.1 蓝蓟 *Echium vulgare*

蓝蓟是一种美丽的观赏植物，花色主要为蓝色或蓝紫色。它的茎被有长硬毛和短伏毛，基生叶及茎下部叶较大，线状披针形，茎上部叶较小，披针形，花冠斜钟状，花果期在 7—9 月。清水河校区学知苑一组团东侧绿地有分布。

5.17.2 附地菜 *Trigonotis peduncularis*

附地菜的花淡蓝且细密，茎密被短糙伏毛，基生叶卵状椭圆形，茎生叶长圆形，花序顶生，小坚果斜三棱锥状四面体形，花果期在 4—7 月。各校区草地上可见。

5.17.3 柔弱斑种草 *Bothriospermum zeylanicum*

柔弱斑种草虽与附地菜类似，但它们不属于同一个属，附地菜的小坚果为四面体形，区别于柔弱斑种草。柔弱斑种草的茎较为细弱，有向上贴伏的伏毛，聚伞总状花序，花淡蓝色，小坚果腹面环状突起纵椭圆形，花果期在 2—10 月。各校区草地上可见。

5.18 茄科

茄科中的许多植物都有很高的经济价值，比如可作为粮食的马铃薯，作为蔬菜的辣椒、茄子、番茄、树番茄，作为水果的枸杞、香瓜茄（人参果）、灯笼果，香烟原料烟草，观赏植物碧冬茄、木本曼陀罗、夜香树，以及可以入药的天仙子、山莨菪、茄参和散血丹等。校园内分布着番茄、龙葵、假酸浆、木本曼陀罗等10多种茄科植物。

5.18.1 龙葵 *Solanum nigrum*

龙葵在我国南北各地均有分布，全株可入药，紫黑色的果实十分诱人。它的叶片卵形，伞状花序腋外生，花萼浅杯状，萼齿近三角形，花冠白色，浆果球形，花期在5—8月，果期在7—11月。各校区草地上可见。

5.18.2 少花龙葵 *Solanum americanum*

少花龙葵的嫩叶可以作为野菜食用，植株与龙葵的非常接近，主要区别在于果实。少花龙葵的果实十分光亮，其萼片，也就是黑色果实上面的叶状结构向上反曲，每个小裂片呈卵状披针形。少花龙葵几乎全年都在开花结果。各校区草地上可见。

5.18.3 番茄 *Lycopersicon esculentum*

番茄与辣椒、马铃薯一样，原产南美洲，作为观赏植物被欧洲引入，因为果实颜色太过鲜艳，最初被人们认为有毒，没人敢吃。后来，有不怕死的勇士冒着风险吃了下去，结果人不仅没事，还发现这果子口感和风味都相当不错。自此，番茄可以食用的消息开始传播，并传遍了世界，成为现在重要的蔬菜和水果。南美洲野生的番茄其实就如樱桃般大小，大个的番茄反而是后来选育出来的。番茄植株密被黏质腺毛，用来抵御细菌和害虫的侵扰，叶片为羽状复叶或羽状深裂，花萼宿存，花冠黄色，浆果近球状，肉质多汁，花果期在6—10月。各个校区的草地上可见。

5.18.4 碧冬茄 *Petunia × hybrida*

碧冬茄，又名“矮牵牛”，看起来像牵牛花一样，却是实打实的茄科植物。它是园艺学家培育出的一个杂交物种，花色十分丰富，有蓝紫色、红色、粉色、绿色的品种，非常适合种植在花坛中。碧冬茄的叶片卵形，花单生于叶腋，花冠漏斗状，蒴果圆锥状，花果期在 4—10 月。清水河校区主楼南侧有分布。

5.18.5 小酸浆 *Physalis minima*

小酸浆是灯笼果属的物种，这一属植物的果实都像小灯笼一样，这种结构被称作“中国灯笼”，它是由花萼延伸，将浆果包裹在其中形成的。小酸浆的植株比较矮小，分枝通常横卧在地上或稍斜开，被有短柔毛，叶片卵形或卵状披针形，花冠黄色，果萼近球状，果实球状，花果期在 5—10 月。清水河校区湿地公园东侧有分布。

5.18.6 假酸浆 *Nicandra physalodes*

假酸浆，又名“冰粉”，植株高度可达 1.5 米，它的种子就是手搓冰粉的原料冰粉籽。假酸浆的果实跟小酸浆十分相似，但假酸浆的浆果只被包裹了一半，下部有一个很大的口子，而小酸浆的浆果则被包裹得严严实实。假酸浆的叶片卵形，花单生于叶腋，俯垂，花淡蓝色，花萼深裂近基部，五棱状，浆果球形，花果期在 6—10 月。各校区草地上可见。

5.18.7 曼陀罗 *Datura stramonium*

曼陀罗花大而美丽，可以用于观赏，全株有毒，但可入药。它与木本曼陀罗的主要区别在于曼陀罗属于相对低矮的草本，花朵向上开放，而木本曼陀罗是属于较为高大的灌木，花朵下垂。曼陀罗的叶片宽卵形，具不规则波状浅裂，花朵直立，花冠漏斗状，白色或淡紫色，蒴果卵圆形，花期在 6—10 月，果期在 7—11 月。清水河校区湿地公园东侧有分布。

5.19 车前科

5.19.1 平车前 *Plantago depressa*

平车前根茎短，直根较长，侧根多数，叶片纸质，椭圆形或卵状披针形，边缘有浅波状钝齿，两面疏生白色短柔毛，穗状花序基部常间断，苞片无毛，花药干后变黄褐色。蒴果卵状椭圆形，长 4 ～ 5 毫米。花期在 5—7 月，果期在 7—9 月。各校区草地上可见。

5.19.2 摩洛哥柳穿鱼 *Linaria maroccana*

摩洛哥柳穿鱼是一种花朵繁盛、花色丰富的观赏植物。它的枝叶细长如垂柳，叶片线形，总状花序，花期在 6—9 月，果期在 8—10 月。清水河校区学知苑一组团东侧绿地有分布。

5.19.3 阿拉伯婆婆纳 *Veronica persica*

阿拉伯婆婆纳是春天草地上一种非常漂亮的野花，蓝色的小花一丛丛地开放，超凡脱俗，富有灵气。阿拉伯婆婆纳的分枝多而铺散，叶片对生，卵圆形，总状花序，蒴果肾形，花期在 3—5 月。各校区草地上可见。

5.20 母草科

5.20.1 紫萼蝴蝶草 *Torenia violacea*

紫萼蝴蝶草的花有蓝紫色和黄色的斑块，如同蝴蝶一般美丽。它的叶片卵形，伞形花序顶生，花萼具5翅，稍带紫红色，花冠淡黄色或白色，超出萼齿部分仅2～7毫米，花果期在8—11月。清水河校区湿地公园东侧、西湖东侧有分布。

5.21 爵床科

5.21.1 爵床 *Justicia procumbens*

爵床植株高度可达 50 厘米，全草可入药。爵床的茎基部匍匐，叶片椭圆形，穗状花序，花冠粉红色，蒴果，花果期在 8—11 月。各校区草地上可见。

5.22 唇形科

5.22.1 荔枝草 *Salvia plebeia*

荔枝草植株高度可达 1 米，花淡蓝紫色，全草可入药。它的茎被有灰白柔毛，叶片椭圆状卵形，轮伞花序组成总状或圆锥花序，密被柔毛，花萼钟形，小坚果倒卵球形，花期在 4—5 月，果期在 6—7 月。各校区草地上可见。

5.22.2 紫苏 *Perilla frutescens*

紫苏，又名“苏麻”，叶片有一种奇特的香气，可用作香料或者蔬菜，也可入药。紫苏的叶片有很大的变异，既有两面均为绿色的，也有两面均为紫色的，还有上面绿色下面紫色的。紫苏的茎密被长柔毛，叶片宽卵形，轮伞总状花序，小坚果近球形，花果期在 8—12 月。清水河校区西湖东南两侧有分布。

5.22.3 紫背金盘 *Ajuga nipponensis*

紫背金盘全草可入药。紫背金盘的茎常直立，叶纸质，阔椭圆形或倒卵状椭圆形，花期时通常无基生叶，轮伞花序向上密集成穗状花序，花冠淡蓝色或蓝紫色，小坚果卵状三棱形，花期从12月至翌年3月，果期在1—5月。各校区草地上可见。

5.23 通泉草科

5.23.1 通泉草 *Mazus pumilus*

通泉草意为通向泉水的草，喜欢生长在湿润的地方，淡紫色的小花点缀着黄色的斑点，奇特而美丽。通泉草的基生叶倒卵状匙形，茎生叶较少，总状花序，花稀疏，花萼钟状，蒴果球形，花果期在4—10月。各校区草地上可见。

5.24 菊科

5.24.1 石胡荽 *Centipeda minima*

石胡荽入药后称为“鹅不食草”。它的茎有较多分枝，匍匐状，叶片楔状倒披针形，边缘有少数锯齿，头状花序很小，扁球形，总苞片两层，瘦果椭圆形，花果期在6—10月。各校区草地上可见。

5.24.2　一年蓬 *Erigeron annuus*

一年蓬的花朵繁盛美丽，像是培育出的观赏植物。一年蓬的茎下部被有长硬毛，上部被上弯的短硬毛，基部叶长圆形，头状花序组成疏圆锥花序，总苞半球形，舌状花两层，舌片平展，白色或淡天蓝色，线形，管状花黄色，瘦果披针形，花期在 6—9 月。各校区草地上可见。

5.24.3 春飞蓬 *Erigeron philadelphicus*

春飞蓬原产北美洲，与一年蓬十分相似，主要区别在于春飞蓬的舌状花略带粉色，在花期斜举，而一年蓬的舌状花平展。春飞蓬的花期通常在 3—5 月。各校区草地上可见。

5.24.4 小蓬草 *Erigeron canadensis*

小蓬草，又名“加拿大蓬”，是一种常见杂草，嫩叶可作猪饲料。小蓬草植株高度可达 1 米，下部叶片呈倒披针形，上部叶片呈线状披针形，近全缘；头状花序组成多分枝的大型圆锥花序，总苞近圆柱状有 2～3 层；舌状花小，白色，线形，稍超出花盘；管状花淡黄色，上部被疏微毛；瘦果线状披针形，花期在 5—9 月。各校区草地上可见。

5.24.5 白酒草 *Eschenbachia japonica*

白酒草的植株与小蓬草较为相似，但白酒草的舌状花明显长于绿色的总苞片，叶片通常有粗齿或羽状浅裂，而小蓬草的舌状花稍长于绿色的总苞片且叶片边缘通常没有锯齿。白酒草的莲座状基生叶倒卵形，下部茎生叶长圆形，中部叶倒披针状长圆形，上部叶披针形，球状花序排成球状或伞房状花序，总苞片 3 ～ 4 层，瘦果长圆形，花期在 5—9 月。清水河校区湿地公园东侧有分布。

5.24.6　鱼眼草 *Dichrocephala integrifolia*

鱼眼草，又名“馒头草”，因头状花序形似鱼眼而得名，全株可入药。鱼眼草的叶片卵形，边缘有重粗锯齿或缺刻状，头状花序，组成伞房状或伞房状圆锥花序，总苞片 1 ～ 2 层，外围雌花紫色，中央两性花黄绿色，瘦果倒披针形，花果期全年。各校区草地上可见。

5.24.7 秋英 *Cosmos bipinnatus*

秋英，又名“大波斯菊”，花朵绚丽多彩，娇艳欲滴，有紫、粉、白等花色，非常适合成片种植。秋英的叶片2回羽状深裂，头状花序单生，总苞片外层披针形，内层椭圆状卵形，舌片椭圆状倒卵形，管状花黄色，瘦果黑紫色，花期在6—8月，果期在9—10月。清水河校区学知苑一组团东侧绿地有分布。

5.24.8 黄秋英 *Cosmos sulphureus*

黄秋英，又名“硫黄菊”，是秋英属的一种观赏植物，花通常为黄色或橘红色，区别于秋英。它的叶片对生，2回羽状复叶深裂，裂片宽于秋英，瘦果棕褐色，春播花期在6—8月，夏播花期在9—10月。清水河校区学知苑一组团东侧绿地有分布。

5.24.9 苦苣菜 *Sonchus oleraceus*

苦苣菜植株高度可达 1.5 米，茎光滑无毛，基生叶和茎中下部叶片为羽状深裂或大头羽状深裂，叶柄基部抱茎，头状花序组成伞房或总状花序，总苞宽钟状，舌状花黄色，无管状花，瘦果褐色长椭圆形，花果期在 5—12 月。各校区草地上可见。

5.24.10 续断菊 *Sonchus asper*

续断菊，又名“花叶滇苦菜”，属于苦苣菜属的一种植物。花叶滇苦菜的茎无毛，叶柄基部抱茎，头状花序组成稠密的伞房花序，总苞宽钟状，舌状花黄色，无管状花，瘦果倒披针形，花果期在 5—10 月。各校区草地上可见。

5.24.11　黄鹌菜 *Youngia japonica*

黄鹌菜是一种常见的野花，黄澄澄的花朵在阳光下十分好看。它的基生叶倒披针形，大头羽状深裂或全裂，茎生叶近无，头状花序排成伞房花序，总苞圆柱状，总苞片 4 层，瘦果纺锤形，褐色或红褐色，花果期在 4—10 月。各校区草地上可见。

5.24.12 鼠曲草 *Pseudognaphalium affine*

鼠曲草，又名“清明草”，嫩叶可以食用。清明节前后，采摘鼠曲草的嫩叶搭配豆沙或者肉馅儿做青团是很多地方的习俗。鼠曲草的茎叶被有白色棉毛，叶片倒卵形或匙状倒卵形，头状花序组成伞房花序，花黄色，花期在 1—4 月和 8—11 月。各校区草地上可见。

5.24.13 匙叶合冠鼠曲 *Gamochaeta pensylvanica*

匙叶合冠鼠曲的植株与鼠曲草的植株十分接近，叶片倒披针形或匙形，穗状花序，区别于鼠曲草。花期从 12 月至翌年 5 月。各校区草地上可见。

5.24.14 矢车菊 *Cyanus segetum*

矢车菊是德国的国花，有蓝、白、红、紫等花色，十分美丽。它的植株灰白色，基生叶及茎下部叶长椭圆状倒披针形或披针形，茎中部和上部叶线形或线状披针形，全缘，头状花序组成伞房花序或圆锥花序，花果期在 2—8 月。清水河校区学知苑一组团东侧绿地有分布。

5.24.15 豨莶 *Sigesbeckia orientalis*

豨莶的花为黄色，叶质的总苞片 2 层，外层长约 1 厘米，内层长约 5 毫米，头状花序组成圆锥花序，瘦果倒卵圆形，具 4 棱，花期在 4—9 月，果期在 6—10 月。各校区草地上有分布。

5.24.16　百日菊 *Zinnia elegans*

百日菊是一种原产墨西哥的著名观赏植物，花大而美丽，花色丰富多样。它的头状花序单生于枝顶，外侧的舌状花有橙黄、玫红、紫堇等颜色，中央的管状花黄色，叶片对生，宽卵圆形，花期在 6—9 月，果期在 7—10 月。清水河校区学知苑一组团东侧绿地有分布。

5.24.17 金盏花 *Calendula officinalis*

金盏花像金色的灯盏一般，鲜艳美丽，很适合种植于花坛中。它的叶片长圆状倒卵形，头状花序单生于枝顶，瘦果弯曲，花期在4—9月，果期在6—10月。清水河校区学知苑一组团东侧绿地有分布。

5.24.18 万寿菊 *Tagetes erecta*

万寿菊，又名“孔雀草”，既有橘黄品种，又有金黄品种；既有单瓣品种，又有重瓣的品种。它的叶片羽状分裂，头状花序单生于枝顶，瘦果线形，花期在7—9月。清水河校区学知苑一组团东侧绿地有分布。

5.24.19 野茼蒿 *Crassocephalum crepidioides*

野茼蒿虽然与茼蒿不属于同一个属，但它的嫩叶同样可以食用。它的叶片椭圆形，头状花序排成伞房状花序，瘦果窄圆柱形，花冠橙红色，冠毛白色，绢毛状，花果期在7—12月。各校区草地上可见。

5.24.20 鬼针草 *Bidens pilosa*

鬼针草果实上的倒刺毛会钩在衣服或者毛发上，一旦沾上就只能一个个地扯下来。它的花颇有姿色，外侧的舌状花洁白，中央的管状花金黄，所以又被称为“金盏银盘”。鬼针草全株可入药，其叶片常3裂，舌状花或有或无，花果期在8—10月。各校区草地上可见。

5.24.21 狼耙草 *Bidens tripartita*

狼耙草是鬼针草属的一个物种，通常生活在水边。它的外层总苞片很长，叶状，没有舌状花，头状花序单生于枝顶，上部叶常3裂，下部叶不裂，瘦果楔形，能钩在衣服上，花期在8—9月，果期在10月。清水河校区湿地公园、西湖湖畔有分布。

5.24.22　两色金鸡菊 *Coreopsis tinctoria*

两色金鸡菊，又名“天山雪菊”，因花朵边缘金黄，中心为黑色而得名，原产北美洲，是一种常见的观赏植物。它的叶片对生，下部和中部叶 2 回羽状全裂，头状花序组成伞房状或圆锥状花序，花期在 5—9 月，果期在 8—10 月。清水河校区学知苑一组团东侧绿地有分布。

5.24.23 黑心菊 *Rudbeckia hirta*

黑心菊全株被有刺毛，外侧的管状花黄色，中央的管状花紫黑色，瘦果四棱形。春播花期在 6—7 月，秋播花期在翌年 5—6 月。清水河校区学知苑一组团东侧绿地有分布。

5.24.24 翠菊 *Callistephus chinensis*

翠菊的花朵娇艳可爱，不管是紫色、粉色还是白色，都有一番独特的韵味。翠菊的茎被有白色糙毛，茎生叶卵形或菱状披针形，头状花序单生于枝顶，位于中央的管状花黄色，花果期在 5—10 月。清水河校区学知苑一组团东侧绿地有分布。

5.24.25 钻叶紫菀 *Symphyotrichum subulatum*

钻叶紫菀的花很小，需要仔细观察才能发现。钻叶紫菀的叶片披针状线形，十分狭长，头状花序组成圆锥花序，侧面的舌状花淡红色，中央的管状花黄色，花果期在6—10月。各校区草地上可见。

5.24.26 鳢肠 *Eclipta prostrata*

鳢肠，又名“墨旱莲”，枝叶折断后会流出淡黑色的汁液，就像乌贼的墨囊管里流出的黑色液体一样。鳢肠的茎被有贴伏的糙毛，叶长圆状披针形，舌状花和管状花均为白色，花期在6—9月。各校区草地上可见。

5.24.27 藿香蓟 *Ageratum conyzoides*

藿香蓟的叶片对生、卵形，花冠为淡紫色，头状花序组成伞状花序，花果期全年。各校区草地上可见。

5.24.28 牛膝菊 *Galinsoga parviflora*

牛膝菊的茎被有贴伏的柔毛，叶片对生、卵形，舌状花白色，管状花黄色，头状花序组成伞房状花序，花果期在 7—10 月。各校区草地上可见。

5.24.29 泥胡菜 *Hemisteptia lyrata*

泥胡菜的基生叶大头羽状深裂或全裂，叶下灰白色，管状花紫红色，头状花序在枝顶组成伞房状花序，瘦果楔形，花果期在 3—8 月。各校区草地上可见。

5.25 伞形科

5.25.1 细叶旱芹 *Cyclospermum leptophyllum*

细叶旱芹的花果和叶片均十分细小，其茎分枝较多，叶片 3 ～ 4 回羽状多裂，裂片线形，花白色，复伞形花序，果实圆心形，花期在 5 月，果期在 6—7 月。各校区草地上可见。

5.25.2 蛇床 *Cnidium monnieri*

蛇床是一种传统的中药材，果实可入药，即“蛇床子”。其茎分枝较多，叶片 2 ～ 3 回羽裂，花白色，复伞形花序，果实长圆形，花期在 4—7 月，果期在 6—10 月。各校区草地上可见。

5.26 莎草科

5.26.1 碎米莎草 *Cyperus iria*

碎米莎草因小穗细密、形似碎米而得名。它的杆丛生，扁三棱形，叶片短于杆，穗状花序组成复出聚伞花序，小穗斜展，小坚果 3 棱状，花果期在 6—10 月。各校区草地上可见。

5.26.2 异型莎草 *Cyperus difformis*

异型莎草的杆丛生，扁三棱形，叶片短于杆，头状花序球形，小穗密聚，披针形，小坚果三棱状，花果期在 7—10 月。清水河校区湿地公园东侧有分布。

5.26.3 球穗扁莎 *Pycreus flavidus*

球穗扁莎的杆细纯三棱状，小穗十分扁平，密集成球形，聚伞花序，小坚果倒卵形，花果期在 6—11 月。各校区草地上可见。

5.27 禾本科

5.27.1 稗 *Echinochloa crus-galli*

稗是稻田里一种常见的杂草，它的叶鞘平滑无毛，没有叶舌，叶片线形，圆锥花序，小穗的脉上密被刺毛，花果期在 7—10 月夏秋季。各校区草地上可见。

5.27.2 牛筋草 *Eleusine indica*

牛筋草，又名“蟋蟀草”，不仅可以用作牲畜饲料，因根系发达，还可以固沙保土。与它同属的䅟子是一种耐旱的粮食作物。牛筋草的叶片松散、线形，穗状花序生于杆顶，囊果卵圆形，花果期在 6—10 月。各校区草地上可见。

5.27.3 薏苡 *Coix lacryma-jobi*

薏苡，又名“五谷子”，总苞光滑而坚硬，如念珠一般，有蓝紫、白、灰等颜色，可以用来串成佛珠。薏苡的栽培变种薏米是一种常见的中药材和保健食品，味道微甜。薏苡的杆分枝较多，叶舌干膜质，叶片较为宽大，总状花序腋生，花果期在6—12月。各校区草地上可见。

5.27.4 狗尾草 *Setaria viridis*

狗尾草的花序毛茸茸的，像狗尾巴一样，十分可爱。“稂莠不齐”中的“稂”指狼尾草，而“莠”指的则是狗尾草。狗尾草可以用作牲畜饲料。它的叶片长三角状披针形或线状披针形，圆锥花序圆柱状，刚毛长约 1 厘米，颖果灰白色，花果期在 5—10 月。各校区草地上可见。

5.27.5 金色狗尾草 *Setaria pumila*

金色狗尾草，顾名思义，花序上的毛为金黄色，且相比狗尾草要短一些，茎叶也可以用作牲畜饲料。叶片线状披针形或狭披针形，先端长渐尖，基部钝圆，圆锥花序，花果期通常在6—10月。各校区草地上可见。

5.27.6 小麦 *Triticum aestivum*

小麦是世界上种植范围最广，种植面积最大的粮食作物。小麦是属间自然杂交形成的异源多倍体，含有3个物种的染色体。起初，一粒小麦（染色体用2M表示）与山羊草属的一个物种（2N）自然杂交形成不育的异源二倍体（M+N）；在经过染色体自然加倍后，形成可育的野生二粒小麦（2M+2N）；野生二粒小麦又与山羊草属另一物种（2P）自然杂交形成不育的异源三倍体（M+N+P）；这一异源三倍体再一次经过染色体加倍，最终形成现在的小麦（2M+2N+2P）。上述过程都是在自然条件下产生的，其中的种间杂交和多倍体育种也是目前新品种培育的重要途径，足见大自然才是最杰出的遗传大师。

小麦的穗状花序直立，顶端具芒或无芒，内稃与外稃几乎等长，叶片长披针形，因品种繁多，所以性状也有较大差异。清水河校区草地上有逸生。

参考文献

[1] 四川植物志编辑委员会 . 四川植物志 . 第一卷 [M]. 成都：四川人民出版社 , 1981.

[2] 四川植物志编辑委员会 . 四川植物志 . 第二卷 [M]. 成都：四川人民出版社 , 1983.

[3] 四川植物志编辑委员会 . 四川植物志 . 第三卷 [M]. 成都：四川科学技术出版社 , 1985.

[4] 四川植物志编辑委员会 . 四川植物志 . 第四卷 [M]. 成都：四川科学技术出版社 , 1988.

[5] 四川植物志编辑委员会 . 四川植物志 . 第六卷 [M]. 成都：四川科学技术出版社 , 1988.

[6] 四川植物志编辑委员会 . 四川植物志 . 第八卷 [M]. 成都：四川民族出版社 , 1990.

[7] 四川植物志编辑委员会 . 四川植物志 . 第九卷 [M]. 成都：四川民族出版社 , 1989.

[8] 四川植物志编辑委员会 . 四川植物志 . 第十卷 [M]. 成都：四川民族出版社 , 1992.

[9] 四川植物志编辑委员会 . 四川植物志 . 第十二卷 [M]. 成都：四川民族出版社 , 1998.

[9] 四川植物志编辑委员会 . 四川植物志 . 第十三卷 [M]. 成都：四川民族出版社 , 1999.

[9] 四川植物志编辑委员会 . 四川植物志 . 第十六卷 [M]. 成都：四川民族出版社 , 2005.

[10] 中国科学院植物研究所 . 植物智 [DB/OL]. (2019-11-23) [2022-06-30]. http://www.iplant.cn/.

[11] 中国科学院植物研究所 . 中国高等植物图鉴 [M]. 北京：科学出版社 , 2002.

[12] 赵芷郁 . 康乐芳草：中山大学校园植物图谱 [M]. 2 版 . 广州：中山大学出版社 . 2018.

[13] 李辉 , 周晔 . 复旦校园植物图志 [M]. 上海：复旦大学出版社 . 2015.

[14] 白洁 . 望江芳华：四川大学校园植物图谱 [M]. 北京：高等教育出版社 . 2016.

[15] 李连芳 . 中国农业大学校园生物种志 [M]. 北京：中国农业出版社 . 2021.

植物中文正名索引

（按照汉语拼音音序排列）

（续表）

（续表）

（续表）

（续表）

	中文正名	学名	页码
L	莲	*Nelumbo nucifera*	172
	楝	*Melia azedarach*	64
	两色金鸡菊	*Coreopsis tinctoria*	311
	林刺葵	*Phoenix sylvestris*	79
	菱叶凤仙花	*Impatiens rhombifolia*	276
	柳叶菜	*Epilobium hirsutum*	183
	六月雪	*Serissa japonica*	112
	龙葵	*Solanum nigrum*	280
	龙牙花	*Erythrina corallodendron*	31
	芦苇	*Phragmites australis*	238
	芦竹	*Arundo donax*	238
	葎草	*Humulus scandens*	133
	罗汉松	*Podocarpus macrophyllus*	10
	落葵薯	*Anredera cordifolia*	136
M	马鞭草	*Verbena officinalis*	194
	马齿苋	*Portulaca oleracea*	275
	马兰	*Aster indicus*	206
	马蹄金	*Dichondra micrantha*	190
	马蹄莲	*Zantedeschia aethiopica*	211
	马缨丹	*Lantana camara*	118
	麦冬	*Ophiopogon japonicus*	222
	麦蓝菜	*Vaccaria hispanica*	270
	麦仙翁	*Agrostemma githago*	272
	曼陀罗	*Datura stramonium*	284
	芒	*Miscanthus sinensis*	240
	毛花点草	*Nanocnide lobata*	178
	毛花雀稗	*Paspalum dilatatum*	237
	矛叶荩草	*Arthraxon lanceolatus*	237
	梅	*Prunus mume*	36
	美人梅	*Prunus × blireana* 'Meiren'	38
	摩洛哥柳穿鱼	*Linaria maroccana*	286
	魔芋	*Amorphophallus konjac*	213
	茉莉花	*Jasminum sambac*	115
	墨西哥鼠尾草	*Salvia leucantha*	195
	木本曼陀罗	*Brugmansia arborea*	114
	木芙蓉	*Hibiscus mutabilis*	65
	木瓜	*Chaenomeles sinensis*	40
	木莲	*Manglietia fordiana*	15
	木樨	*Osmanthus fragrans*	71
	木香花	*Rosa banksiae*	131
	木贼	*Equisetum hyemale*	154

（续表）

（续表）

（续表）

（续表）

（续表）